中央级科学事业单位改善科研条件
专项管理工作手册

ZHONGYANG JI KEXUE SHIYE DANWEI GAISHAN KEYAN TIAOJIAN
ZHUANXIANG GUANLI GONGZUO SHOUCE

张向东　黄鹏鹃　崔亦昊　周　普　主编

中国水利水电出版社
www.waterpub.com.cn
·北京·

内 容 提 要

本书主要涉及中央级科学事业单位改善科研条件专项申报、执行管理、验收管理以及相关制度汇编。书中不仅详细列明改善科研条件专项申报立项、专项执行、验收管理等的工作内容、工作流程、注意事项，还运用大量实例进行了客观描述，并汇编了近年来财政部、水利部的相关制度文件。

本书将操作实务与制度文件相结合，有利于指导相关单位专项管理人员、财务人员、项目负责人全面了解改善科研条件专项管理的政策规定，掌握相应工作流程、工作要点，对加强专项管理、提高资金使用效益、积极推动专项对科研能力建设和科技创新工作具有重要意义。

图书在版编目（CIP）数据

中央级科学事业单位改善科研条件专项管理工作手册/张向东等主编. -- 北京 : 中国水利水电出版社, 2023.4
ISBN 978-7-5226-1472-4

Ⅰ. ①中… Ⅱ. ①张… Ⅲ. ①科学研究组织机构－科研管理－中国－手册 Ⅳ. ①G322.2-62

中国国家版本馆CIP数据核字(2023)第059843号

书　　名	**中央级科学事业单位改善科研条件专项管理工作手册** ZHONGYANG JI KEXUE SHIYE DANWEI GAISHAN KEYAN TIAOJIAN ZHUANXIANG GUANLI GONGZUO SHOUCE
作　　者	张向东　黄鹏鹍　崔亦昊　周　普　主编
出版发行	中国水利水电出版社 （北京市海淀区玉渊潭南路1号D座　100038） 网址：www.waterpub.com.cn E-mail：sales@mwr.gov.cn 电路：（010）68545888（营销中心）
经　　售	北京科水图书销售有限公司 电话：（010）68545874、63202643 全国各地新华书店和相关出版物销售网点
排　　版	中国水利水电出版社微机排版中心
印　　刷	清淞永业（天津）印刷有限公司
规　　格	184mm×260mm　16开本　13.25印张　237千字
版　　次	2023年4月第1版　2023年4月第1次印刷
印　　数	001—700册
定　　价	**88.00**元

本书编委会

主　　编：张向东　黄鹏鹍　崔亦昊　周　普

副主编：王　开　陆　崴

编写人员：杜　静　李峻珏　贾欣然　陈　静

陈雨俏　孙　锐　魏立峰

前　言

2006年，为贯彻落实《国家中长期科学和技术发展规划纲要（2006—2020年）》，财政部设立了“中央级科学事业单位修缮购置专项资金”，印发了《中央级科学事业单位修缮购置专项资金管理办法》。2021年，为进一步改善中央级科学事业单位的科研基础条件，推进科技创新能力建设，财政部对《中央级科学事业单位修缮购置专项资金管理办法》进行了修订，专项更名为“中央级科学事业单位改善科研条件专项资金”（以下简称“改善科研条件专项”）。

为进一步发挥改善科研条件专项对我院科研能力建设和科技创新工作的积极推动作用，提高资金使用效益，促进专项管理工作标准化、高效化、精细化，中国水利水电科学研究院财资处、条件平台处按照财政部、水利部最新规定，结合近年来中国水利水电科学研究院改善科研条件专项管理情况，编写了《中央级科学事业单位改善科研条件专项管理工作手册》。本书主要内容包括专项申报、执行管理、验收管理以及相关制度汇编四个部分，帮助广大科研人员和管理人员更好地理解和掌握专项资金管理的有关要求。

由于时间紧促，在流程设计、内容详解、制度摘编等方面难免存在疏漏之处，敬请批评指正。我们将根据反馈意见，结合改善科研条件专项管理工作进展情况，及时修改、补充和完善。

作　者

2022年11月15日

目 录

第1部分

改善科研条件专项申报

1

第1节

申报工作流程图

1. 项目申报建议

1.1 工作内容：条件平台处发布《通知》及《项目建议表》。各所（中心）组织填报《项目建议表》，排序后报送条件平台处。

1.2 工作材料：《项目建议表》

1.3 时间要求：3 月 20 日之前

1.4 经办人员：条件平台处平台与设备科 ××

68786423 sunr@iwhr.com

详见 1《项目建议表》

2. 项目建议评估

2.1 工作内容：条件平台处、财资处对各所（中心）提交的《项目建议表》进行评估并形成评估意见。条件平台处及时反馈各所（中心）。

2.2 工作材料：《项目建议初评表》

2.3 时间要求：3 月 21—31 日

2.4 经办人员：条件平台处平台与设备科 ××

68786423 sunr@iwhr.com

财资处预算统计科 ××

68786207 cwysk@iwhr.com

详见 2《项目建议初评表》

3．开展专项培训

3.1 工作内容：条件平台处、财资处结合项目建议申报情况及以往申报存在的问题，组织通过项目建议评估的项目负责人开展现场培训。

3.2 工作材料：培训课件

3.3 时间要求：4 月 1—10 日

3.4 经办人员：条件平台处平台与设备科　××

68786423　sunr@iwhr.com

财资处预算统计科　××

68786207　cwysk@iwhr.com

4．项目申报

4.1 工作内容：项目负责人根据专项培训要点及项目建议评估意见反馈情况编制项目申报文本。各所（中心）做好审查工作，并将项目申报文本报条件平台处。

4.2 工作材料：《项目申报文本》

4.3 时间要求：4 月 1 日—5 月 10 日

4.4 经办人员：条件平台处平台与设备科　××

68786423　sunr@iwhr.com

详见 3《项目申报文本模板》

5．合规性审查

5.1 工作内容：条件平台处、财资处开展合规性审查，形成审查意见。条件平台处及时反馈合规性审查意见。项目负责人根据审查意见对项目申报文本进行修改完善后报条件平台处。条件平台处、财资处对项目申报文本进行复核。

5.2 工作材料：《合规性审查意见表》

5.3 时间要求：5月11—31日

5.4 经办人员：条件平台处平台与设备科 ××

68786423 sunr@iwhr.com

财资处预算统计科 ××

68786207 cwysk@iwhr.com

详见4《合规性审查意见表》

6．专家审查

6.1 工作内容：条件平台处邀请相关专家对项目申报文本开展专项审查，并及时反馈意见。项目负责人根据审查意见对项目申报文本修改完善后报条件平台处。条件平台处对项目申报文本进行复核。

6.2 工作材料：《专家审查意见表》

6.3 时间要求：5月21—31日

6.4 经办人员：条件平台处平台与设备科 ××

68786423 sunr@iwhr.com

详见5《专家审查意见表》

7. 院长办公会审议

7.1 工作内容：条件平台处、财资处共同研究制定申报方案。条件平台处汇报专项申报方案，经院长办公会审议后确定最终申报方案（包括申报项目和排序）。财资处将申报方案报水利部。

7.2 工作材料：专项申报方案

7.3 时间要求：6月1—15日

7.4 经办人员：条件平台处平台与设备科　××

68786423　sunr@iwhr.com

财资处预算统计科　××

68786207　cwysk@iwhr.com

8. 水利部评审

8.1 工作内容：财资处根据水利部现场评审要求，发布《评审通知》。项目负责人根据《评审通知》要求准备ppt汇报材料、现场汇报并答疑。条件平台处及时反馈现场审查意见。项目负责人根据审查意见对项目申报文本修改完善后报条件平台处复核。

8.2 工作材料：PPT汇报材料

8.3 时间要求：7月上中旬

8.4 经办人员：条件平台处平台与设备科　××

68786423　sunr@iwhr.com

财资处预算统计科　××

68786207　cwysk@iwhr.com

详见6 PPT：汇报模板

9. 行文报部

9.1 工作内容：财资处根据院长办公会审议结果，结合水利部现场评审意见，将最终申报方案及修改完善后的项目申报文本行文报水利部。

9.2 工作材料：红头文件、申报方案及项目申报文本

9.3 时间要求：7月中下旬前

9.4 经办人员：财资处预算统计科　××、××

68786207/6607　cwysk@iwhr.com

10. 编报"一上"预算

10.1 工作内容：财资处根据水利部通知要求，将所有通过水利部现场评审的项目纳入"一上"部门预算，录入财政部预算一体化系统。

10.2 工作材料：红头文件、项目申报文本

10.3 时间要求：8月底前

10.4 经办人员：财资处预算统计科　××、××

68786207/6607　cwysk@iwhr.com

11. 科技部、财政部审查

11.1 工作内容：条件平台处、项目负责人配合做好房屋修缮、基础设施改造类项目的现场勘查工作。财资处及时反馈科技部、财政部审查意见。项目负责人结合审查意见，做好解释沟通与补齐材料相关工作。

11.2 工作材料：《审查意见表》

11.3 时间要求：9—11 月

11.4 经办人员：条件平台处平台与设备科　××

68786423　sunr@iwhr.com

财资处预算统计科　××

68786207　cwysk@iwhr.com

12. 编报“二上”预算

12.1 工作内容：财资处按照水利部要求，下达改善科研条件专项“一下”控制数。项目负责人严格按照“一下”控制数编报项目申报文本。

12.2 工作材料：红头文件、项目申报文本

12.3 时间要求：12 月—次年 1 月

12.4 经办人员：财资处预算统计科　××、××

68786207/6607　cwysk@iwhr.com

13. 批复“二下”预算

13.1 工作内容：财资处将批复文件反馈各项目负责人。

13.2 工作材料：批复文件

13.3 时间要求：次年4月中下旬

13.4 经办人员：财资处预算统计科　××、××

68786207/6607　cwysk@iwhr.com

第 2 节

申报工作相关附件

1. 项目建议表

20XX 年度改善科研条件专项项目建议表（格式）

单位排序	项目名称	项目类型	项目单位	项目负责人	项目立项必要性	项目立项紧迫性	项目主要内容	项目主要绩效目标	申请经费/万元
	合计								
1	××××购置	仪器设备购置	××××	××××	本次拟采购电磁流速仪、超声流速仪、旋桨式流速仪和剖面流速仪等4类流速设备；电磁流量计、超声波流量计及测针等3类流量设备。 根据多年的仪器调研和使用经验，试验仪器主要考虑水力学试验的特点、精度要求及仪器的可靠性，并对标世界一流水力学试验室要求进行采购。流速和流量作为最基本的观测物理量，在进行模型试验时需要安装多点、多断面同时进行同步观测，因此需要购置多套不同类型的仪器，以适应不同场景的试验要求	××××所于2004—2012年间购置了一批流速流量设备，这批设备年限较长，存在不同程度的老化、测量精度下降、噪声大、操作不太方便等问题，严重地影响了科研工作的正常进行，同时影响了科研质量与效率	本项目申请购置流速/流量测试仪器9类，共66台套。拟购置的仪器设备主要技术指标、配置、厂家、型号等基本情况如下： 1）电磁流速仪，数量5套，用于模型试验或原型观测单点流速测量；测量范围0~5.0m/s，精度0.01 m/s；厂家和型号为荷兰 Delft 水工实验室/P-EMS E30型，价格20万元/套。 2）电磁流速仪，数量10査，用于模型试验多点流速同时测量；测量范围0~2.5m/s，精度0.005m/s；厂家和型号为日本东京JFE公司/ACM-41F型（采集器》，价格15万元/套。 3）超声波流速仪，数量6套，用于模型试验或原型观测单点流速测量；测量范围0~2.5m/s，精度0.01m/s；厂家和型号为美国Sontek公司/FT2-2D型，平均价格12万元/套	1) 仪器设备购器65台； 2) 试运行报告通过审查； 3) 降低科研成本； 4) 提高设备利用率； 5) 为解决国家重大问题或具体项目研究提供支撑	433.00

（三）项目支出明细表

包括项目活动、对项目活动的描述、子活动、对子活动的描述、分项支出、数量 / 频率、价格 / 标准、支出计划 (万元) 等。

填报说明详见附件 3.1–3。

（四）项目支出绩效目标申报表

包括项目年度总体目标、年度绩效指标。

填报说明详见附件 3.1–4。

（五）附件清单

包括专用类附件（项目组准备）、通用类附件（财资处准备）。

附件清单详见附件 3.1–5。

三、其他要求

1. 房屋修缮类项目预算（概算）应提前咨询相关中介机构，按照定额标准进行预算（概算），并单独提供相关预算测算材料，如工程报价汇总表、分部分项预算表等（通过“广联达预算软件”导出 Excel 格式）。切忌标准偏高、单价偏高等。

2. 全部或者部分更换设备，最好有专业评估鉴定（来源于《2021 年水利部评审意见》）。项目中涉及购置设备单价超过 50 万元的，应提供 3 家以上的询价单，明确规格、型号和数量等。

3. 房屋修缮内容与造价明细，应与房屋存在的问题相匹配，确保工程概算科学合理（来源于《2021 年水利部评审意见》）。造价还应包括监理、设计、招标代理、跟踪审计等其他费用。不得编列前期工作费、建设单位管理费、质量监督费、不可预见费、环境影响费等（来源于《2021 年财政部评审意见》）。

4. 注意日常使用的耗材问题，与房屋修缮支出内容的本质区别（来源于《2021 年水利部评审意见》）。

5. 项目绩效指标应细化量化，突出项目特色（来源于《2022 年水利部评审意见》）。

6. 不能将拟购置的设备打包到房屋修缮类项目中申报（来源于《2022 年水利部评审意见——南科院》）。

附件 3.1-1

项 目 申 报 书

项目名称：××××

项目编码：（不用填）

项目单位：中国水利水电科学研究院（本级）

上级单位：中国水利水电科学研究院

中央部门：水利部

第一部分　项 目 基 本 信 息

项目基本信息	
所属一级项目	科研机构改善科研条件专项
科目代码	2060503
项目单位	中国水利水电科学研究院本级
项目代码	102126××301001000××××
项目名称	××××
项目属性信息	—
项目类别	专项业务费项目
基建属性	否
是否拼盘	否
密级	无
保密期限	无
是否涉及 20×× 年项目结转	—
计划开始执行年份	20×× 年
项目周期	1 年
最新批复年份	—
项目管理信息	—
项目负责人	××××
职务	××××
联系电话	××××
项目其他信息	—
是否横向标识	是
是否国库执行重点项目	否
是否部门审核通过	是
是否向财政部申报	是
是否纳入财政库	是
是否财政明确不予安排	否
统计口径设置	—
二级项目部门标识	—

第二部分　立项依据（总字数不超过 2000 字）

（一）项目实施的意义和目标

可从宏观上结合国家发展、科研现状阐明项目实施的意义和目标，需与“（二）项目的必要性和紧迫性”相对应。

（二）项目的必要性和紧迫性

①应与中国水科院发展规划相结合。

②可以从房屋、科研仪器设备安全使用、人身安全等方面描述必要性和紧迫性，如有相关安全、消防、节能等检查提出整改要求的，可以补充说明。可以说明由于房屋坏损，影响了目前正在开展的科研项目。

③房屋用途应该和科研活动直接相关，办公、住宿、日常生活相关的修缮内容不纳入修缮范围。

（三）项目主要内容

1. ××××××（××万元）

2. ××××××（××万元）

......

①仅列明工作内容标题及金额即可，与“第三部分 实施方案及可行性”中“4. 修缮主要内容”、设计公司出具的工程预算表保持一致。

②应包含监理、设计、招标代理等费用。

第三部分　实施方案及可行性（总字数不超过 2000 字）

（一）项目实施方案

1. 实施地点

2. 建成时间

3. 建筑面积

4. 修缮主要内容

①分要点详细说明，注意修缮金额合计数正确，与工程预算表保持一致。

②预算（概算）应提前咨询设计公司，并单独提供相关预算测算材料，如工程报价汇总表、分部分项预算表等。工程报价汇总表、分部分项预算表等应是“广联

达预算软件”导出的 Excel 版本。

③工程量、材料单价需明确，尽量选择性价比高的材料。

④不得有装饰等不实用的修缮内容。

⑤前期工作费、建设单位管理费、质量监督费、不可预见费、环境影响费等不予支持。

5. 实施周期

①根据实际情况编制实施周期，与“第一部分 项目基本信息”保持一致。

②建议从预算当年1月起编写各个环节开展、结束时间，如规划设计、招标、合同签订、现场施工、验收等（需要注意的是，每年1—4月为项目开展前期准备工作，4月中下旬收到“二下”批复文件后，才可以组织招标、签订合同）。

6. 预期效果、用途

与“项目实施的意义和目标”以及《项目支出绩效目标申报表》保持一致。

（二）项目实施的组织保障条件

1. 制度保障

项目组严格按照《中华人民共和国招标投标法》《中华人民共和国政府采购法》《中央级科学事业单位改善科研条件专项资金管理办法》《关于中央国家机关2021—2022年工程施工项目定点采购有关事宜的通知》《关于中央国家机关2021—2022年工程造价咨询服务项目定点采购有关事宜的通知》《关于中央国家机关2021—2022年工程监理服务项目定点采购有关事宜的通知》等有关规定和要求执行。

2. 人员保障

简要说明项目组成员、工作职责及分工（不得通过表格描述）。

3. 条件保障

为保证项目顺利实施，我院为项目组提供办公用房、通信设备、交通工具及必要的施工场地或设备安放场地。

4. 项目不确定性和风险保障措施

所有项目均需说明存在的不确定性、风险以及相应保障措施。例如国家或地区重大活动、自然灾害、极端气候、贸易战、疫情防控、汇率变动等对项目的影响。

5. 项目验收依据和标准

（1）验收依据

《水利部中央级预算项目验收管理办法》（水财务〔2020〕236 号）、《中央级科学事业单位改善科研条件专项资金管理办法》（财教〔2021〕100 号）、项目申报书及专家评审意见等。

（2）验收标准

主要依据 GB 50300—2013《建筑工程施工质量验收统一标准》、建筑工程各专业工程施工质量验收规范、《房屋建筑和市政基础设施工程竣工验收规定》（建质〔2013〕171 号）等。

（三）经费需求及测算依据

1. 经费需求

申请财政拨款 ××× 万元，做到专款专用，单独核算，严格执行财政经费管理规定，确保项目执行序时、均衡、安全、有效。

2. 测算依据

测算依据详见“附件 工程预算表”。

附件 3.1-2

项目支出计划

预算年度		年初预算		
		合计	财政拨款	上年结转资金
合计		0.00	0.00	0.00
20××年		0.00	0.00	0.00
20××年		0.00		—
20××年		0.00		—
20××年度预算明细				
序号	经济分类科目	合计	财政拨款	上年结转资金
	合 计	0.00	0.00	0.00
1	专用材料费	0.00		
2	专用设备购置	0.00		
3	基础设施建设	0.00		
4	大型修缮	0.00		
5	信息网络及软件购置更新	0.00		
6	无形资产购置	0.00		
7	其他资本性支出	0.00		
	…	0.00		

附件 3.1-3

中央部门预算二级项目支出明细表

二级项目名称：××××									
序号	项目活动	对项目活动的描述	子活动	对子活动的描述	分项支出	数量/频率	价格/标准/万元	支出计划/万元	备注
	合计								
1	××	××要实现的目的	(××号楼)修缮工程	说明××子活动修缮工程的基本情况	—	××平方米(修缮面积)	××(综合单价)	××(修缮总价)	详见分部分项工程预算表
			(××号楼)修缮工程	说明××子活动修缮工程的基本情况	—	××平方米(修缮面积)	××(综合单价)	××(修缮总价)	详见分部分项工程预算表
2	××	××要实现的目的	(××号楼)修缮工程	说明××子活动修缮工程的基本情况	—	××平方米(修缮面积)	××(综合单价)	××(修缮总价)	详见分部分项工程预算表
			(××号楼)修缮工程	说明××子活动修缮工程的基本情况	—	××平方米(修缮面积)	××(综合单价)	××(修缮总价)	详见分部分项工程预算表
			…						
3	其他费用	项目施工图设计费、工程监理、工程造价咨询费、招标服务代理费等	工程监理	工程监理	—	××	××	××	
			项目施工图设计费	项目施工图设计费	—	××	××	××	
			…						

备注：1. 合计数等于《项目支出计划表》支出计划多年合计数。
2. 项目活动、子活动、分项支出、数量/频率、价格/标准单元格字数限制400字以内。对项目活动的描述、对子活动的描述、备注字数限制1400字以内。

附件 3.1-4

项目支出绩效目标申报表
（20XX 年度）

项目名称：	****				
年度目标：	目标 1： 目标 2： 目标 3： 1. 绩效目标应根据工作内容总结提炼项目实施后取得的效益、作用，如“目标 1：购置 ×× 设备，提高了…；目标 2：…”； 2. 绩效目标应按照规定格式填写：“目标 1：…；目标 2：…；”。				
序号	一级指标	二级指标	三级指标	指标值	分值权重（90%）
1					
2					
3					
4					
5					
6					
7					
8					
9					
10					
分值权重合计（满分为 90%）					0.0%

备注：

一、产出指标

1. 每个项目都应设置数量指标和质量指标，时效指标根据实际情况设置，不做强制要求；
2. 数量指标要与预算编报的数量相一致；
3. 质量指标，如：试运行报告通过率（≥ **%）等类似指标，指标值建议统一填写为：100。

二、效益指标

1. 应设置效益指标，但不要求经济效益指标、社会效益指标、生态效益指标都设置；
2. 效益指标可参照“购置 ×× 设备 1 套，对…起到显著支撑作用 /…方面得到改善等。”设置。

三、满意度指标

建议不设置满意度指标。

四、成本指标

应设置成本指标。

五、分值权重

成本指标 20%、产出指标 40%、效益指标 20%、满意度指标 10%。

六、其他方面

1. 水利部共性指标框架中相关指标仅供参考，可根据项目实际情况设置个性指标；
2. 应根据项目内容提炼具有项目特色、核心的绩效指标，数量建议控制在 15 条以内；
3. 绩效指标设置应可考核、佐证资料可收集，注意极限值，如：100% 等。

附件　3.1-5

附　件　清　单

一、专用类附件（项目组准备）

1. 工程报价汇总表、分部分项工程概（预）算明细表（表中应列明对应的定额标准、取费依据文件）。

2. 拟修缮的房屋现状照片。

3. 房屋竣工图。

4. 以往年度通过评审但未安排预算重新申报的情况，需重点说明项目立项背景及需求、项目内容是否发生变化，项目内容及预算安排有哪些具体变化（如有）。

5. 项目中涉及购置设备单价超过50万元的，应提供3家以上的询价单（如有）。

6. 以前年度已修缮完成的施工合同（如有）。

7. 安全、消防等检查提出整改要求的，可提供相关材料（如有）。

8. 项目详细的修缮方案（如有）。

9. 项目设计图纸（如有）。

二、通用类附件（财资处准备）

1. 申报单位简介（包括但不限于单位基本情况、科研队伍、科技经费、科技成果等情况）。

2. 前3年本专项预算执行情况表。

3. 房产证等能明确修缮房屋产权关系的证明材料。

以上材料均提供电子版即可。

3.2 基础设施改造类

基础设施改造类申报要求

一、申报范围

水、暖、电、气等基础设施的维修改造。建筑物内的水、暖、电、气改造属于“房屋修缮类”。

二、申报文本

（一）项目申报书

1. 项目基本信息。包括所属一级项目、项目名称、项目周期、项目负责人等信息。

2. 立项依据。包括项目实施的意义和目标、项目的必要性和紧迫性、项目主要内容。要求总字数不超过2000字。

3. 实施方案及可行性。包括项目实施方案、项目实施的组织保障条件、经费需求及测算依据。要求总字数不超过2000字。

填报说明详见附件3.2–1。

（二）项目支出计划

包括支出计划及年度经济分类科目。项目周期一般为1年。对于确需分年支出的项目，应当根据年度资金支付需要合理编制分年支出计划。

填报说明详见附件3.2–2。

（三）项目支出明细表

包括项目活动、对项目活动的描述、子活动、对子活动的描述、分项支出、数量/频率、价格/标准、支出计划(万元)等。

填报说明详见附件3.2–3。

（四）项目支出绩效目标申报表

包括项目年度总体目标、年度绩效指标。

填报说明详见附件 3.2–4。

（五）附件清单

包括专用类附件（项目组准备）、通用类附件（财资处准备）。

附件清单详见附件 3.2–5。

三、其他要求

1. 基础设施改造类项目预算（概算）应提前咨询相关中介机构，按照定额标准进行预算（概算），并单独提供相关预算测算材料，如工程报价汇总表、分部分项预算表等（通过“广联达预算软件”导出 Excel 格式）。切忌标准偏高、单价偏高等。

2. 全部或者部分更换设备，最好有专业评估鉴定（来源于《2021 年水利部评审意见》）。项目中涉及购置设备单价超过 50 万元的，应提供 3 家以上的询价单，明确规格、型号和数量等。

3. 切忌标准偏高、单价偏高等（来源于《2021 年财政部评审意见》《2021 年水利部评审意见》）。基础设施改造内容与造价明细，应与存在的问题相匹配，确保工程概算科学合理（来源于《2021 年水利部评审意见》）。造价还应包括监理、设计、招标代理、跟踪审计等其他费用。不得编列前期工作费、建设单位管理费、质量监督费、不可预见费、环境影响费等（来源于《2021 年财政部评审意见》。

4. 项目绩效指标应细化量化，突出项目特色（来源于《2022 年水利部评审意见》）。

附件 3.2-1

项目申报书

项目名称：××××

项目编码：（不用填）

项目单位：中国水利水电科学研究院（本级）

上级单位：中国水利水电科学研究院

中央部门：水利部

第一部分　项目基本信息

项目基本信息	
所属一级项目	科研机构改善科研条件专项
科目代码	2060503
项目单位	中国水利水电科学研究院本级
项目代码	102126××301001000××××
项目名称	××××
项目属性信息	—
项目类别	专项业务费项目
基建属性	否
是否拼盘	否
密级	无
保密期限	无
是否涉及20××年项目结转	—
计划开始执行年份	20××年
项目周期	1年
最新批复年份	—
项目管理信息	—
项目负责人	××××
职务	××××
联系电话	××××
项目其他信息	—
是否横向标识	是
是否国库执行重点项目	否
是否部门审核通过	是
是否向财政部申报	是
是否纳入财政库	是
是否财政明确不予安排	否
统计口径设置	—
二级项目部门标识	—

级科学事业单位改善科研条件专项资金管理办法》（财教〔2021〕100 号）、项目申报书及专家评审意见等。

（2）验收标准

主要依据 GB 50300—2013《建筑工程施工质量验收统一标准》、建筑工程各专业工程施工质量验收规范、《房屋建筑和市政基础设施工程竣工验收规定》（建质〔2013〕171 号）等。

（三）经费需求及测算依据

1. 经费需求

申请财政拨款 ××× 万元，做到专款专用，单独核算，严格执行财政经费管理规定，确保项目执行序时、均衡、安全、有效。

2. 测算依据

测算依据详见“附件 工程预算表”。

附件 3.2-2

项目支出计划

预算年度	年初预算		
	合计	财政拨款	上年结转资金
合计	0.00	0.00	0.00
20××年	0.00	0.00	0.00
20××年	0.00		—
20××年	0.00		—

20××年度预算明细				
序号	经济分类科目	合计	财政拨款	上年结转资金
	合 计	0.00	0.00	0.00
1	专用材料费	0.00		
2	专用设备购置	0.00		
3	基础设施建设	0.00		
4	大型修缮	0.00		
5	信息网络及软件购置更新	0.00		
6	无形资产购置	0.00		
7	其他资本性支出	0.00		
	...	0.00		

附件 3.2-3

中央部门预算二级项目支出明细表

二级项目名称：××××									
序号	项目活动	对项目活动的描述	子活动	对子活动的描述	分项支出	数量 / 频率	价格 / 标准 / 万元	支出计划 / 万元	备注
	合计								
1	××	×× 要实现的目的	(×× 号楼) 改造工程	说明 ×× 子活动改造工程的基本情况	—	×× 平方米 (改造面积)	×× (综合单价)	××(改造总价)	详见分部分项工程预算表
2	××	×× 要实现的目的	(×× 号楼) 改造工程	说明 ×× 子活动改造工程的基本情况	—	×× 平方米 (改造面积)	×× (综合单价)	××(改造总价)	详见分部分项工程预算表
			…						
3	其他费用	项目施工图设计费、工程监理、工程造价咨询费、招标服务代理费等	工程监理	工程监理	—	××	××	××	
			项目施工图设计费	项目施工图设计费	—	××	××	××	
			…						

备注：1. 合计数等于《项目支出计划表》支出计划多年合计数。
2. 项目活动、子活动、分项支出、数量 / 频率、价格 / 标准单元格字数限制 400 字以内。对项目活动的描述、对子活动的描述、备注字数限制 1400 字以内。

附件 3.2-4

项目支出绩效目标申报表
（20XX 年度）

项目名称：	****				
年度目标：	目标 1： 目标 2： 目标 3： 1. 绩效目标应根据工作内容总结提炼项目实施后取得的效益、作用，如“目标 1：购置 ×× 设备，提高了…；目标 2：…”； 2. 绩效目标应按照规定格式填写：“目标 1：…；目标 2：…；”。				
序号	一级指标	二级指标	三级指标	指标值	分值权重（90%）
1					
2					
3					
4					
5					
6					
7					
8					
9					
10					
分值权重合计（满分为 90%）					0.0%

备注：

一、产出指标

1. 每个项目都应设置数量指标和质量指标，时效指标根据实际情况设置，不做强制要求；
2. 数量指标要与预算编报的数量相一致；
3. 质量指标，如：试运行报告通过率（≥ **%）等类似指标，指标值建议统一填写为：100。

二、效益指标

1. 应设置效益指标，但不要求经济效益指标、社会效益指标、生态效益指标都设置；
2. 效益指标可参照“购置 ×× 设备 1 套，对…起到显著支撑作用 /…方面得到改善等。”设置。

三、满意度指标

建议不设置满意度指标。

四、成本指标

应设置成本指标。

五、分值权重

成本指标 20%、产出指标 40%、效益指标 20%、满意度指标 10%。

六、其他方面

1. 水利部共性指标框架中相关指标仅供参考，可根据项目实际情况设置个性指标；
2. 应根据项目内容提炼具有项目特色、核心的绩效指标，数量建议控制在 15 条以内；
3. 绩效指标设置应可考核、佐证资料可收集，注意极限值，如：100% 等。

附件 3.2-5

附 件 清 单

一、专用类附件（项目组准备）

1. 工程报价汇总表、分部分项工程概（预）算明细表（表中应列明对应的定额标准、取费依据文件）。

2. 拟改造基础设施的现状照片。

3. 以往年度通过评审但未安排预算重新申报的情况，需重点说明项目立项背景及需求、项目内容是否发生变化，项目内容及预算安排有哪些具体变化（如有）。

4. 如项目中涉及购置设备单价超过50万元的，应提供3家以上的询价单（如有）。

5. 安全、消防等检查提出整改要求的，可提供相关材料（如有）。

6. 电力增容协议（如有）。

7. 项目详细改造方案（如有）。

8. 项目设计图纸（如有）。

二、通用类附件（财资处准备）

1. 申报单位简介（包括但不限于单位基本情况、科研队伍、科技经费、科技成果等情况）。

2. 前3年本专项预算执行情况表。

3. 土地使用权证等能明确拟改造范围内土地使用权或设施所有权关系的证明材料。

以上材料均提供电子版即可。

3.3 仪器设备购置类

仪器设备购置类申报要求

一、申报范围

直接为科研工作服务的科学仪器设备、文献资料（含电子图书等）购置。价值5万元以下仪器设备，定制类设备不在购置范围内。各单位申报的科研仪器设备，如果金额较小，尽量综合考虑，与其他仪器设备打包申请，作为一整套科研仪器设备申报。

二、申报文本

（一）项目申报书

1. 项目基本信息。包括所属一级项目、项目名称、项目周期、项目负责人等信息。

2. 立项依据。包括项目实施的必要性和紧迫性、项目负责人情况介绍、承担与项目相关的科研任务情况。要求总字数不超过2000字。

3. 实施方案及可行性。包括项目主要内容和目标、项目实施的组织保障条件。要求总字数不超过2000字。

填报说明详见附件3.3–1。

（二）项目支出计划

包括支出计划及年度经济分类科目。项目周期为1年。

填报说明详见附件3.3–2。

（三）项目支出明细表

包括项目活动、对项目活动的描述、子活动、对子活动的描述、分项支出、数量/频率、价格/标准、支出计划（万元）等。

填报说明详见附件3.3–3。

（四）项目支出绩效目标申报表

包括项目年度总体目标、年度绩效指标。项目绩效指标应细化量化，突出项目特色。

填报说明详见附件3.3–4。

（五）附件清单

包括专用类附件（项目组准备）、通用类附件（财资处、条件平台处准备）。

附件清单详见附件 3.3–5。

1. 大型科研仪器设备购置申请报告

根据《财政部 科技部关于印发〈中央级新购大型科研仪器设备查重评议管理办法〉的通知》要求，凡利用中央财政资金购置的单台（套）价格在 200 万元及以上，用于科学研究、技术开发及其他科技活动的科研仪器设备，必须按规定模板撰写并提交《大型科研仪器设备购置申请报告》。整套仪器设备拆分申报的，财政部将一律不予通过立项审查。

2. 仪器设备购置专家论证意见

根据财政部有关规定，凡利用中央财政资金购置的单台（套）价格在 200 万元及以上，用于科学研究、技术开发及其他科技活动的科研仪器设备，必须提交《仪器设备购置专家论证意见》。

三、其他要求

1. 仪器设备的购置，需要有重大科研任务支撑（与本项目紧密关联），以及充分论证项目实施的紧迫性和必要性。切忌在文本中体现为横向项目创收等。

2. 牢固树立“过紧日子”思想，加强设备购置数量和价格的论证，包括三方面：

（1）设备购置数量的合理性、必要性论证（如购置多台套的作用、存放位置等）。若一次性购置仪器设备数量较多，建议保障重点，支持急需设备购置，区分轻重缓急。

（2）扩大比选范围，优先选用国产设备。加强指定型号设备的合理性论证。

（3）三方询价单要求。在询价单内容上，提供规范合理的三方询价单内容（性能、参数、规格、型号、产地等），应该是类似产品的询价，至少有 1 个备选产品；不能用完全同样设备找不同的代理机构报价（即同一产品盖 3 家代理机构的章）。在询价单格式上，三方报价格式应有所区别，不应雷同。在询价金额上，避免出现单价偏高的情况；若三方报价金额差距较大，需要核实厂商报价，并说明原因。

3. 专项不支持通用设备、常规设备的购置。

4. 进口设备购置存在风险，必须提供国产设备的替代方案。

5. 注意设备的使用率，是否闲置，必须提供仪器设备开放共享的方案。

附件 3.3-1

项 目 申 报 书

项目名称：××××

项目编码：（不用填）

项目单位：中国水利水电科学研究院（本级）

上级单位：中国水利水电科学研究院

中央部门：水利部

第一部分　项 目 基 本 信 息

项目基本信息	
所属一级项目	科研机构改善科研条件专项
科目代码	2060503
项目单位	中国水利水电科学研究院本级
项目代码	102126××301001000××××
项目名称	××××
项目属性信息	—
项目类别	专项业务费项目
基建属性	否
是否拼盘	否
密级	无
保密期限	无
是否涉及20××年项目结转	—
计划开始执行年份	20××年
项目周期	1年
最新批复年份	—
项目管理信息	—
项目负责人	××××
职务	××××
联系电话	××××
项目其他信息	—
是否横向标识	是
是否国库执行重点项目	否
是否部门审核通过	是
是否向财政部申报	是
是否纳入财政库	是
是否财政明确不予安排	否
统计口径设置	—
二级项目部门标识	—

第二部分　立项依据（总字数不超过2000字）

（一）项目实施必要性和紧迫性（重点阐述）

第一层面：为什么要尽快购买？

①可以从国家（行业）政策、支撑国家科技创新发展能力、国家（或院）科研发展规划、水利水电行业发展要求、学科发展需求、人才队伍建设、社会热点事件以及引领国际科技发展等方面重点描述。

②应与中国水科院发展规划相结合。

③应尽量弱化免仪器设备在横向课题中的作用，强化在纵向课题中的作用。

④应客观描述因缺少该仪器设备，对本单位科研活动、行业支撑产生的不利影响。

第二层面：为什么买进口设备，为什么多台套，为什么不能通过升级改造、租赁、开放共享等方式实现？

⑤如购置进口仪器设备的，需说明不能采购国产仪器设备的原因。

⑥购置多台套设备的，应说明多台套原因及必要性。

⑦如仪器设备因年久损毁、性能不符合要求等无法正常使用的，需说明不能升级改造的原因。

⑧需说明不采用设备租赁方式、开放共享等方式实现的原因。

⑨涉及二期、三期的，需论述前期（如一期项目）解决了什么问题。

（二）项目负责人（简要阐述）

简要介绍项目负责人学术水平、科研能力、设备需求等内容介绍（不得通过表格描述）。

（三）承担与项目相关的科研任务情况（一般阐述）

加强承担的科研任务与项目申购设备的关联性论证，应说明项目单位承担的与本项目相关的在研科研任务情况，包括：项目基本情况、科研任务与项目申购设备的关联性等（不得通过表格描述）。

（四）项目主要内容（简要阐述）

1. ××××××（××万元）

2. ××××××（××万元）

......

①仅列明工作内容标题及金额即可，与“第三部分 实施方案及可行性”中“1.项

目主要内容和目标介绍”保持一致。

②专项不支持通用设备、常规设备的购置。

③单价小于5万元的仪器设备需与其他仪器设备合并列示。

第三部分　实施方案及可行性（总字数不超过2000字）

（一）项目主要内容和目标（重点阐述）

1. 项目主要内容和目标介绍

（1）××设备

①主要用途。

②主要技术指标及配置。

③厂家报价及选型。

④现有同类仪器设备使用管理情况（如有）。

（2）××设备

①主要用途。

②主要技术指标及配置。

③厂家报价及选型。

④现有同类仪器设备使用管理情况（如有）。

……

专项仅支持单价5万元以上的科研仪器设备，单价小于5万元的仪器设备需与其他仪器设备合并；通用的仪器设备不得通过改善科研条件购置，如移动工作站等。

以上如受字数限制，可单独做附件进一步说明。

2. 经费需求

申请财政拨款×××万元，做到专款专用，单独核算，严格执行财政经费管理规定，确保项目执行序时、均衡、安全、有效。

3. 实施周期

①一般情况只编1年。

②建议从当年1月起编写各个环节开展、结束时间，如规划设计、招标、合同签订、验收等（需要注意的是，每年1—4月为项目开展前期准备工作，4月中下旬收到“二下”批复文件后，才可以组织招标、签订合同）。

（二）项目实施的组织保障条件

1. 制度保障

项目组严格按照《中华人民共和国招标投标法》《中华人民共和国政府采购法》《中央级科学事业单位改善科研条件专项资金管理办法》《财政部关于印发〈政府采购进口产品管理办法〉的通知》《财政部关于完善中央单位政府采购预算管理和中央高校、科研院所科研仪器设备采购管理有关事项的通知》《关于简化优化中央预算单位变更政府采购方式和采购进口产品审批审核有关事宜的通知》《中央预算单位政府集中采购目录及标准（2020 年版）》《中国水利水电科学研究院公务卡实施细则》《中国水利水电科学研究院固定资产管理办法》等有关规定和要求执行。

2. 人员保障

简要说明项目组成员、工作职责及分工（不得通过表格描述）。

3. 条件保障

为保证项目顺利实施，水科院为项目组提供办公用房、通信设备、交通工具及设备安放场地。设备购入后严格按照水科院设备使用管理规定执行，由专人登记使用管理。

4. 项目不确定性和风险保障措施。

①所有项目均需说明存在的不确定性、风险以及相应保障措施。例如国家或地区重大活动、自然灾害、极端气候、贸易战、疫情防控、汇率变动等对项目的影响。

②项目如采购进口设备，需提供该设备的国内替代方案。

5. 项目验收依据和标准

《水利部中央级预算项目验收管理办法》（水财务〔2020〕236 号）、《中央级科学事业单位改善科研条件专项资金管理办法》（财教〔2021〕100 号）、项目申报书及专家评审意见等。

附件 3.3-2

项 目 支 出 计 划

预算年度		年初预算		
		合计	财政拨款	上年结转资金
合计		0.00	0.00	0.00
20×× 年		0.00	0.00	0.00
20×× 年		0.00		—
20×× 年		0.00		—
20×× 年度预算明细				
序号	经济分类科目	合计	财政拨款	上年结转资金
	合 计	0.00	0.00	0.00
1	专用材料费	0.00		
2	专用设备购置	0.00		
3	基础设施建设	0.00		
4	大型修缮	0.00		
5	信息网络及软件购置更新	0.00		
6	无形资产购置	0.00		
7	其他资本性支出	0.00		
	...	0.00		

附件 3.3-3

中央部门预算二级项目支出明细表

二级项目名称：××××									
序号	项目活动	对项目活动的描述	子活动	对子活动的描述	分项支出	数量 / 频率	价格 / 标准	支出计划 / 万元	备注 / 厂家
	合计							0.00	
1	××仪器设备购置	设备数量、型号、功能、用途等	××子设备	设备数量、型号、功能、用途等	专用设备购置	××台 / 件	××万元	××	(××供应商，与报价单顺序保持一致)
			××子设备	设备数量、型号、功能、用途等	专用设备购置	××台 / 件	××万元	××	(××供应商，与报价单顺序保持一致)
			××子设备	设备数量、型号、功能、用途等	专用设备购置	××台 / 件	××万元	××	(××供应商，与报价单顺序保持一致)
			…						

备注：1. 合计数等于《项目支出计划表》支出计划合计数。
2. 备注栏填列供应商单位名称，其列示顺序应与所附报价单设备顺序对应。
3. 项目活动、子活动、分项支出、数量 / 频率、价格 / 标准单元格字数限制 400 字以内。对项目活动的描述、对子活动的描述、备注单位元字数限制 1400 字以内。

附件 3.3-4

项目支出绩效目标申报表
（20XX 年度）

项目名称：	****				
年度目标：	目标1： 目标2： 目标3： 1.绩效目标应根据工作内容总结提炼项目实施后取得的效益、作用，如“目标1：购置××设备，提高了…；目标2：…”； 2.绩效目标应按照规定格式填写：“目标1：…；目标2：…；”。				
序号	一级指标	二级指标	三级指标	指标值	分值权重（90%）
1					
2					
3					
4					
5					
6					
7					
8					
9					
10					
分值权重合计（满分为90%）					0.0%

备注：

一、产出指标

1. 每个项目都应设置数量指标和质量指标，时效指标根据实际情况设置，不做强制要求；
2. 数量指标要与预算编报的数量相一致；
3. 质量指标，如：试运行报告通过率（≥ **%）等类似指标，指标值建议统一填写为：100。

二、效益指标

1. 应设置效益指标，但不要求经济效益指标、社会效益指标、生态效益指标都设置；
2. 效益指标可参照“购置××设备1套，对…起到显著支撑作用/…方面得到改善等。”设置。

三、满意度指标

建议不设置满意度指标。

四、成本指标

应设置成本指标。

五、分值权重

成本指标20%、产出指标40%、效益指标20%、满意度指标10%。

六、其他方面

1. 水利部共性指标框架中相关指标仅供参考，可根据项目实际情况设置个性指标；
2. 应根据项目内容提炼具有项目特色、核心的绩效指标，数量建议控制在15条以内；
3. 绩效指标设置应可考核、佐证资料可收集，注意极限值，如：100%等。

附件 3.3-5

附 件 清 单

一、专用类附件（项目组准备）

1. 50 万元以上设备由厂家出具并盖章的正式报价单及汇总报价说明（一般需要 3 家以上报价，详见附件 3.3-5-1）。

2. 针对单台套价值 200 万元以上的大型仪器设备，需提供以下材料。

（1）由厂家出具并盖章的正式报价单（一般需要 3 家以上报价）。

（2）《大型科研仪器设备购置申请报告》（详见附件 3.3-5-2）。

（3）仪器设备购置专家论证意见模版（详见附件 3.3-5-3）。

3. 仪器设备查重证明材料（详见附件 3.3-5-4）。

4. 以往年度通过评审但未安排预算重新申报的情况，需重点说明项目立项背景及需求、项目内容是否发生变化，项目内容及预算安排有哪些具体变化（如有）。

二、通用类附件（财资处、条件平台处准备）

1. 申报单位简介（包括但不限于单位基本情况、科研队伍、科技经费、科技成果等情况）。

2. 前 3 年本专项预算执行情况表。

3. 现有科研仪器设备总体情况，包括但不限于仪器设备总量，大型仪器使用情况、仪器设备开放共享情况等。

以上材料均提供电子版即可。

附件 3.3-5-1

汇 总 报 价 说 明

1. 设备仪器 A

（1）简述仪器设备厂家报价关键信息、评价标准及评选结果等。

（2）附表根据仪器设备特征列示各项各项评价指标及评价结果，拟购置厂家排在首位并突出显示。

例如：

序号	仪器设备名称	厂家	外接传感器类型	性能指标	噪声水平	外形尺寸、集成度	产品稳定性、成熟度	后期扩展性能、性价比	用户口碑	…	价格 / 万元
1	设备 A（型号1）	厂家 A	丰富	较好	较好	一般	好	好	好		
2	设备 A（型号2）	厂家 B	较丰富	一般	一般	较大	一般	一般	一般		
3	设备 A（型号3）	厂家 C	丰富	好	优秀	小巧	好	好	好		

（3）由厂家出具并盖章的正式报价单：报价单 1（扫描件）；报价单 2（扫描件）；报价单 3（扫描件）。

2. 设备仪器 B

……

附件 3.3-5-2

大型科研仪器设备购置申请报告
（概要模版）

一、科研仪器设备基本信息。主要包括：名称、型号、功能、产地国别、数量、单价、经费预算和来源、采购方式以及供货来源等。

二、科研仪器设备购置必要性。主要包括：该仪器设备适用的科研领域和对当前科研工作的作用。

三、本单位现有同类大型科研仪器设备使用管理情况。主要包括：本单位现有同类仪器设备的购置年代、型号、原值、使用情况（含年平均有效机时、开放共享、平均报废时间等）以及本单位科研仪器设备运维保障情况等。

四、本单位现有实验队伍支撑情况。主要包括：本单位配备专职/兼职实验管理人员和仪器设备操作人员的总人数、资质状况、日平均有效工作时长、培训学习情况等。

五、开放共享方案。主要包括：本单位对于拟购置大型科研仪器设备开放共享的有关安排。

附件 3.3-5-3

200 万元以上仪器设备购置专家论证意见

一、基本情况	
申请单位	中国水利水电科学研究院
拟采购产品名称	
拟采购产品金额	
采购项目所属项目名称	
采购项目所属项目金额	
二、申请理由	
原因阐述：	
三、专家论证意见	
专家签字：	
年　　月　　日	

备注：200 万元以上仪器设备购置专家论证由采购部门负责组织，论证专家组由来自于该领域有影响的具有副高以上职称的科研、技术或管理方面的专家组成，专家数不少于 5 人，其中院外专家数不少于 3 人。

附件 3.3-5-4

仪器设备查重证明材料

一、查重结果

1. ×× 设备查重结果

（截图粘贴处）

2. ×× 设备查重结果

（截图粘贴处）

3. ×× 设备查重结果

（截图粘贴处）

二、查重方式

1. 采购项目负责人通过“重大科研基础设施和大型科研仪器国家网络管理平台”（网址：https://nrii.org.cn/），将所属地区设置为“北京”，输入关键字进行查重。将查重结果截图保存作为查重证明材料。

2. 条件平台处对拟购设备与水科院固定资产台账进行比对，进行内部查重。

3.4 仪器设备升级改造类

仪器设备升级改造类申报要求

一、申报范围

利用成熟技术，自主研制用于科研的仪器设备，或对尚有较好利用价值、直接服务于科研的仪器设备所进行的功能扩展、技术升级等。各单位申报的科研仪器设备，如果金额较小，尽量综合考虑，与其他仪器设备打包申请，作为一整套科研仪器设备申报。

若为委托研发，则不符合专项申报条件。

二、申报文本

（一）项目申报书

1. 项目基本信息。包括所属一级项目、项目名称、项目周期、项目负责人等信息。

2. 立项依据。包括项目实施的必要性和紧迫性、项目负责人情况介绍、承担与项目相关的科研任务情况。要求总字数不超过2000字。

3. 实施方案及可行性。包括项目主要内容和目标、项目实施的组织保障条件。要求总字数不超过2000字。

填报说明详见附件3.4–1。

（二）项目支出计划

包括支出计划及年度经济分类科目。项目周期为1年。

填报说明详见附件3.4–2。

（三）项目支出明细表

包括项目活动、对项目活动的描述、子活动、对子活动的描述、分项支出、数量/频率、价格/标准、支出计划（万元）等。

填报说明详见附件3.4–3。

第一部分　项 目 基 本 信 息

项目基本信息	
所属一级项目	科研机构改善科研条件专项
科目代码	2060503
项目单位	中国水利水电科学研究院本级
项目代码	102126××301001000××××
项目名称	××××
项目属性信息	—
项目类别	专项业务费项目
基建属性	否
是否拼盘	否
密级	无
保密期限	无
是否涉及20××年项目结转	—
计划开始执行年份	20××年
项目周期	1年
最新批复年份	—
项目管理信息	—
项目负责人	××××
职务	××××
联系电话	××××
项目其他信息	—
是否横向标识	是
是否国库执行重点项目	否
是否部门审核通过	是
是否向财政部申报	是
是否纳入财政库	是
是否财政明确不予安排	否
统计口径设置	—
二级项目部门标识	—

第二部分　立项依据（总字数不超过2000字）

（一）项目实施必要性和紧迫性（重点阐述）

①可以从国家（行业）政策、支撑国家科技创新发展能力、国家（或院）科研发展规划、水利水电行业发展要求、学科发展需求、人才队伍建设、社会热点事件以及引领国际科技发展等方面重点描述。

②应与中国水科院发展规划相结合。

③应尽量弱化仪器设备在横向课题中的作用，强化在纵向课题中的作用。

④应客观描述原仪器设备对本单位科研活动、行业支撑产生的影响。

⑤涉及二期、三期的，需论述前期（如一期项目）解决了什么问题。

（二）项目负责人（简要阐述）

简要介绍项目负责人学术水平、科研能力、设备需求等内容介绍（不得通过表格描述）。

（三）承担与项目相关的科研任务情况（一般阐述）

加强承担的科研任务与项目申购设备的关联性论证，应说明项目单位承担的与本项目相关的在研科研任务情况，包括：项目基本情况、科研任务与项目申购设备的关联性等（不得通过表格描述）。

（四）项目主要内容（简要阐述）

1. ××××××（××万元）

2. ××××××（××万元）

......

①仅列明工作内容标题及金额即可，与“第三部分 实施方案及可行性”中“1.项目主要内容和目标介绍”保持一致。

②专项不支持通用设备、常规设备的购置。

③单价小于5万元的仪器设备需与其他仪器设备合并列示。

第三部分　实施方案及可行性（总字数不超过2000字）

（一）项目主要内容和目标（重点阐述）

1. 项目主要内容和目标介绍

（1）××设备升级改造

①主要用途。

②设备现状及需求情况。

③升级改造的经济性说明（升级改造与新设备购置的优劣）。

④升级改造的主要内容。

⑤设备升级改造后的具体性能、功能指标。

⑥升级改造项目的实施方式。

（2）××设备升级改造

①主要用途。

②设备现状及需求情况。

③升级改造的经济性说明（升级改造与新设备购置的优劣）。

④升级改造的主要内容。

⑤设备升级改造后的具体性能、功能指标，达到国际国内什么水平。

⑥升级改造项目的实施方式。

以上内容如受字数限制，可再单独做附件说明。

2. 经费需求

申请财政拨款×××万元，做到专款专用，单独核算，严格执行财政经费管理规定，确保项目执行序时、均衡、安全、有效。

3. 实施周期

①一般情况只编1年。

②建议从当年1月起编写各个环节开展、结束时间，如规划设计、招标、合同签订、现场施工、验收等（需要注意的是，每年1—4月为项目开展前期准备工作，4月中下旬收到“二下”批复文件后，才可以组织招标、签订合同）。

（二）项目实施的组织保障条件（一般阐述）

1. 制度保障

项目组严格按照《中华人民共和国招标投标法》《中华人民共和国政府采购

法》《中央级科学事业单位改善科研条件专项资金管理办法》《财政部关于印发〈政府采购进口产品管理办法〉的通知》《财政部关于完善中央单位政府采购预算管理和中央高校、科研院所科研仪器设备采购管理有关事项的通知》《关于简化优化中央预算单位变更政府采购方式和采购进口产品审批审核有关事宜的通知》《中央预算单位政府集中采购目录及标准（2020年版）》《中国水利水电科学研究院公务卡实施细则》《中国水利水电科学研究院固定资产管理办法》等有关规定和要求执行。

2. 人员保障

简要说明项目组成员、工作职责及分工（不得通过表格描述）。

3. 条件保障

为保证项目顺利实施，我院为项目组提供办公用房、通信设备、交通工具及设备安放场地。设备升级改造后严格按照水科院设备使用管理规定执行，由专人登记使用管理。

4. 项目不确定性和风险保障措施

①所有项目均需说明存在的不确定性、风险以及相应保障措施。例如国家或地区重大活动、自然灾害、极端气候、贸易战、疫情防控、汇率变动等对项目的影响。

②项目如采购进口设备，需提供该设备的国内替代方案。

5. 项目验收依据

《水利部中央级预算项目验收管理办法》（水财务〔2020〕236号）、《中央级科学事业单位改善科研条件专项资金管理办法》（财教〔2021〕100号）、项目申报书及专家评审意见等。

附件　3.4-2

项 目 支 出 计 划

预算年度		年初预算		
		合计	财政拨款	上年结转资金
合计		0.00	0.00	0.00
20××年		0.00	0.00	0.00
20××年		0.00		—
20××年		0.00		—
20××年度预算明细				
序号	经济分类科目	合计	财政拨款	上年结转资金
	合 计	0.00	0.00	0.00
1	专用材料费	0.00		
2	专用设备购置	0.00		
3	基础设施建设	0.00		
4	大型修缮	0.00		
5	信息网络及软件购置更新	0.00		
6	无形资产购置	0.00		
7	其他资本性支出	0.00		
	…	0.00		

附件 3.4-3

中央部门预算二级项目支出明细表

二级项目名称：××××									
序号	项目活动	对项目活动的描述	子活动	对子活动的描述	分项支出	数量/频率	价格/标准	支出计划/万元	备注
	合计							0.00	
1	A设备自研	自研设备的技术条件、设备用途，以及自研设备的具体功能、性能目标	设计费	按设备设计费用的构成逐行填列	—		××万元	××	
			材料费	按材料、器件、部件的品类逐行填列，并注明具体规格型号、品牌等	—	××台/件/kg	××万元	××	
			加工费	按设备加工费用的构成逐行填列	—		××万元	××	
			专用设备购置	按子设备型号、功能、用途等进行填列	—	××台/件/kg	××万元	××	(××供应商，与报价单顺序保持一致)
			其他直接相关费用	按其他直接相关费用的具体构成逐行填列	—		××万元	××	说明与子活动的关联性
			…						

备注：1. 合计数等于《项目支出计划表》支出计划合计数。
2. 备注栏填列供应商单位名称，其列示顺序应与所附报价单设备顺序对应。
3. 项目活动、子活动、分项支出、数量/频率、价格/标准单元格字数限制400字以内。对项目活动的描述、对子活动的描述、备注单位元字数限制1400字以内。

附件 3.4-4

项目支出绩效目标申报表
（20XX 年度）

项目名称：	****				
年度目标：	目标 1： 目标 2： 目标 3： 1. 绩效目标应根据工作内容总结提炼项目实施后取得的效益、作用，如“目标 1：购置 ×× 设备，提高了…；目标 2：…”； 2. 绩效目标应按照规定格式填写：“目标 1：…；目标 2：…；”。				
序号	一级指标	二级指标	三级指标	指标值	分值权重（90%）
1					
2					
3					
4					
5					
6					
7					
8					
9					
10					
分值权重合计（满分为 90%）					0.0%

备注：

一、产出指标

1. 每个项目都应设置数量指标和质量指标，时效指标根据实际情况设置，不做强制要求；
2. 数量指标要与预算编报的数量相一致；
3. 质量指标，如：试运行报告通过率（≥ **%）等类似指标，指标值建议统一填写为：100。

二、效益指标

1. 应设置效益指标，但不要求经济效益指标、社会效益指标、生态效益指标都设置；
2. 效益指标可参照“购置 ×× 设备 1 套，对…起到显著支撑作用 /…方面得到改善等。”设置。

三、满意度指标

建议不设置满意度指标。

四、成本指标

应设置成本指标。

五、分值权重

成本指标 20%、产出指标 40%、效益指标 20%、满意度指标 10%。

六、其他方面

1. 水利部共性指标框架中相关指标仅供参考，可根据项目实际情况设置个性指标；
2. 应根据项目内容提炼具有项目特色、核心的绩效指标，数量建议控制在 15 条以内；
3. 绩效指标设置应可考核、佐证资料可收集，注意极限值，如：100% 等。

附件 3.4–5

附 件 清 单

一、专用类附件（项目组准备）

1. 委托研制、委托升级改造，参照设备购置项目提供相关费用报价。即 50 万元以上的，由厂家出具并盖章的正式报价单（一般需要 3 家以上报价，详见附件 3.4–5–1）。

2. 仪器设备自研或升级改造的论证意见（详见附件 3.4–5–2）。

3. 以往年度通过评审但未安排预算重新申报的情况，需重点说明项目立项背景及需求、项目内容是否发生变化，项目内容及预算安排有哪些具体变化（如有）。

二、通用类附件（财资处、条件平台处准备）

1. 申报单位简介（包括但不限于单位基本情况、科研队伍、科技经费、科技成果等情况）。

2. 前 3 年本专项预算执行情况表。

3. 现有科研仪器设备总体情况，包括但不限于仪器设备总量，大型仪器使用情况、仪器设备开放共享情况等（由条件平台处提供）。

以上材料均提供电子版即可。

附件 3.4-5-1

汇总报价说明

1. 设备仪器 A

（1）简述仪器设备厂家报价关键信息、评价标准及评选结果等。

（2）附表根据仪器设备特征列示各项评价指标及评价结果，拟购置厂家排在首位并突出显示。

例如：

序号	仪器设备名称	厂家	外接传感器类型	性能指标	噪声水平	外形尺寸、集成度	产品稳定性、成熟度	后期扩展性能、性价比	用户口碑	……	价格/万元
1	设备A（型号1）	厂家A	丰富	较好	较好	一般	好	好	好		
2	设备A（型号2）	厂家B	较丰富	一般	一般	较大	一般	一般	一般		
3	设备A（型号3）	厂家C	丰富	好	优秀	小巧	好	好	好		

（3）由厂家出具并盖章的正式报价单：报价单1（扫描件）；报价单2（扫描件）；报价单3（扫描件）。

2. 设备仪器 B

……

附件　3.4-5-2

仪器设备自研或升级改造专家论证意见模版

<table>
<tr><td colspan="2">一、基本情况</td></tr>
<tr><td>申请单位</td><td>中国水利水电科学研究院</td></tr>
<tr><td>拟自研或升级改造产品名称</td><td></td></tr>
<tr><td>拟自研或升级改造产品金额</td><td></td></tr>
<tr><td>所属项目名称</td><td></td></tr>
<tr><td>所属项目金额</td><td></td></tr>
<tr><td colspan="2">二、申请理由</td></tr>
<tr><td colspan="2">原因阐述：</td></tr>
<tr><td colspan="2">三、专家论证意见</td></tr>
<tr><td colspan="2">专家签字：</td></tr>
<tr><td colspan="2">年　　月　　日</td></tr>
</table>

备注：仪器设备自研或升级改造专家论证由采购部门负责组织，论证专家组由来自于该领域有影响的具有副高以上职称的科研、技术或管理方面的专家组成，专家数不少于 5 人，其中院外专家数不少于 3 人。

4. 合规性审查意见表

合规性审查意见表

项目名称	项目类型	项目单位	项目负责人	项目金额	以往年度申报情况	合规性审查内容								
						立项依据	实施方案及可行性	项目支出计划表	二级项目支出明细表	绩效目标申报表	查重结果	事前绩效评估	相关附件	其他问题
											（具体意见通过单独附件提供）	（参考专家意见汇总，两个部门审核后形成最终意见）		
××××购置	仪器设备购置	××××	××××	433	新增项目	第（三）部分应详细阐明该仪器设备购置对现有科研项目的支撑作用	第（二）部分中制度保障需删除与仪器设备采购不相关的制度，如关于中央国家机关2021—2022年工程造价咨询服务项目定点采购有关事宜的通知……	未填写，需补充	未填写，需补充	未填写，需补充			3家以上报价单：未提供，需补充	
××××购置	仪器设备购置	××××	××××	397.73	新增项目	第（一）部分需说明国产设备的局限性以及选购国外设备的理由；仪器购置的紧迫性说明不够； 第（三）部分应详细阐明该仪器设备购置对现有科研项目的支撑作用；字数超过2000字，需核减	第（二）部分中制度保障需删除与仪器设备采购不相关的制度，如关于中央国家机关2021—2022年工程造价咨询服务项目定点采购有关事宜的通知……	未填写，需补充		未填写，需补充				
××××购置	仪器设备购置	××××	××××	746.4	新增项目	需论证与国家、水利部、院规划之间的相关联系； 第（三）部分应详细阐明该仪器设备购置对现有科研项目的支撑作用； 第（四）部分项目主要内容未列全	第（二）部分中制度保障需删除与仪器设备采购不相关的制度，如关于中央国家机关2021—2022年工程造价咨询服务项目定点采购有关事宜的通知…… 需详尽阐述购买进口设备的风险及国产设备的替代选择			仪器设备购置数量与项目支出明细表中数量不匹配			3家以上报价单：未提供，需补充	

5. 专家审查意见表

专家审查意见表

<table>
<tr><td>项目名称</td><td colspan="4">××××</td></tr>
<tr><td>评审内容</td><td colspan="4">评价得分
（90 分及以上为 A；75～90 分为 B；60～75 分为 C；60 分以下为 D）</td></tr>
<tr><td>目标相符性</td><td>☑A</td><td>☐B</td><td>☐C</td><td>☐D</td></tr>
<tr><td>文本质量</td><td>☑A</td><td>☐B</td><td>☐C</td><td>☐D</td></tr>
<tr><td>立项依据</td><td>☑A</td><td>☐B</td><td>☐C</td><td>☐D</td></tr>
<tr><td>项目可行性</td><td>☑A</td><td>☐B</td><td>☐C</td><td>☐D</td></tr>
<tr><td>目标合理性</td><td>☑A</td><td>☐B</td><td>☐C</td><td>☐D</td></tr>
<tr><td>项目内容</td><td>☑A</td><td>☐B</td><td>☐C</td><td>☐D</td></tr>
<tr><td>实施保障条件</td><td>☑A</td><td>☐B</td><td>☐C</td><td>☐D</td></tr>
<tr><td>经费明细内容</td><td>☐A</td><td>☑B</td><td>☐C</td><td>☐D</td></tr>
<tr><td>经费测算依据</td><td>☐A</td><td>☑B</td><td>☐C</td><td>☐D</td></tr>
<tr><td>综合评价</td><td>☑A</td><td>☐B</td><td>☐C</td><td>☐D</td></tr>
<tr><td rowspan="2">专家意见</td><td>事前绩效评估意见</td><td colspan="3">1. 立项必要性
2. 投入经济性
3. 绩效目标合理性
4. 实施方案可行性</td></tr>
<tr><td>总体意见</td><td colspan="3"></td></tr>
<tr><td>专家姓名</td><td>××××</td><td>职务 / 职称</td><td colspan="2">××××</td></tr>
<tr><td>单位名称</td><td>××××</td><td>专业</td><td colspan="2">××××</td></tr>
</table>

6. PPT：汇报模板

6.1 房屋修缮类

6.2 基础设施改造类

IWHR
20XX年中央级科学事业单位改善科研条件专项
（项目名称，如：XXXX改造）
汇报人：
20XX年X月

IWHR
一 实施的意义和目标（重点说明）
二 必要性和紧迫性（重点说明）
三 实施方案（重点说明）
1.实施地点 2.投入使用时间 3.基础设施服务范围 4.改造方式
5.改造主要内容及规模 6.实施周期 7.预期效果、用途
四 实施的组织保障条件
1.制度保障 2.人员保障 3.条件保障 4.项目不确定性和风险保障措施
5.验收依据和标准
五 经费需求及测算依据

6.3 仪器设备购置类

20XX年中央级科学事业单位改善科研条件专项
(项目名称，如：XXXX购置)
汇报人：
20XX年X月

IWHR
一 项目实施必要性和紧迫性（重点说明）
二 项目负责人
三 承担与项目相关的科研任务情况
四 主要内容和目标（重点说明）
1.项目主要内容和目标介绍 2.经费需求 3.实施周期
五 实施的组织保障条件
1.制度保障 2.人员保障 3.条件保障 4.项目不确定性和风险保障措施
5.验收依据和标准

6.4 仪器设备升级改造类

第 2 部分

改善科研条件专项执行

1

第1节

执行管理流程图

1．建立重点管理台账

1.1 工作内容：财资处将批复的改善科研条件专项纳入预算执行重点项目管理，于年初在旬报中建立台账。财资处根据项目内容，梳理形成采购流程并发送项目负责人，配合做好采购工作。

1.2 工作材料：《预算执行重点管理项目台账》《改善科研条件专项采购指南》

1.3 时间要求：1月底前

1.4 经办人员：财资处预算统计科　××、××

68786207/6607　cwysk@iwhr.com

7 预算执行重点管理项目台账

8 改善科研条件专项采购指南

2．前期准备

2.1 工作内容：房屋修缮、基础设施改造类项目，项目负责人组织开展设计、造价咨询；确定招标代理、监理单位。条件平台处配合负责人开展相关前期准备工作。

仪器设备购置、仪器设备升级改造类项目，项目负责人开展前期设备调研比选，确定招标代理。条件平台处组织进口设备专家论证。

2.2 时间要求：1—5月

2.3 经办人员：条件平台处平台与设备科　××

68786423　sunr@iwhr.com

3. 项目实施

3.1 工作内容：项目负责人委托招标代理公司（如有）开展招标工作；与中标商签订合同；按照合同要求申请付款。

3.2 时间要求：6—12 月

3.3 经办人员：项目负责人

4. 绩效执行监控

4.1 工作内容：财资处根据水利部要求，发布绩效执行监控工作通知。项目负责人根据项目执行情况填报《项目支出绩效目标执行监控表》并报送财资处。财资处、条件平台处对《项目支出绩效目标执行监控表》进行审核后行文报部。

4.2 工作材料：《项目支出绩效目标执行监控表》

4.3 时间要求：8 月底前

4.4 经办人员：财资处预算统计科　××
68786207　cwysk@iwhr.com
条件平台处平台与设备科　××
68786423　sunr@iwhr.com

详见 9《项目支出绩效执行监控表》

5．竣工验收

5.1 工作内容：房屋修缮、基础设施改造类项目，项目负责人申请五方验收、敦促造价咨询单位出具项目结算报告。

仪器设备购置、仪器设备升级改造类项目，项目负责人根据规定开展验收，纳入固定资产管理。

5.2 时间要求：12 月底前

5.3 经办人员：项目负责人

6．绩效自评价

6.1 工作内容：财资处根据水利部要求，发布绩效自评价工作通知。项目负责人根据项目完成情况填报《项目支出绩效自评表》并报送财资处。财资处、条件平台处将审核后行文报部。

6.2 工作材料：《项目支出绩效自评表》

6.3 时间要求：次年 2—3 月

6.4 经办人员：财资处预算统计科　××

68786207　cwysk@iwhr.com

条件平台处平台与设备科　××

68786423　sunr@iwhr.com

详见 10《项目支出绩效自评表》

7. 预算执行督导

7.1 工作内容：财资处、条件平台处定期联系项目负责人，了解项目执行情况，帮助解决资金支付等相关问题。

7.2 工作材料：《预算执行重点管理项目台账》

7.3 时间要求：3—12月

7.4 经办人员：财资处预算统计科　××

68786207　cwysk@iwhr.com

条件平台处平台与设备科　××

68786423　sunr@iwhr.com

2

第 2 节

执行管理相关附件清单

1. 预算执行重点管理项目台账

20XX 年预算执行重点管理项目台账

序号	课题号	项目名称	单位	联系人	预算合计 / 万元	执行情况 / 万元	余额 / 万元	执行进度	3 月执行情况	4 月执行情况	……	12 月执行情况
	合计											
1	××××	×××× 购置	××××	××××	136.00	94.85	41.15	69.74%	目前需求公告已经发给负责人，在走流程，公示 1 个月之后招标，第一笔应该下月底可以支付	设计阶段已完成，招标信息处于公示阶段		
2	××××	×××× 升级改造	××××	××××	440.00	210.51	229.49	47.84%	现在处于设计规划阶段。正在开展招投标相关工作，如果顺利预计 7 月上旬完成合同签订和支付第一笔款项 30%			
3	××××	×××× 购置	××××	××××	270.00	215.60	54.40	79.85%	3 月已联系北大生物系做实验，通过实验结果确定选国产组装。4 月预计敲定型号，1 个多月就预计开始走设备购置程序，预计 6 月底可支出	根据前期的对比实验结果，我们选国内组装，现在在磨配件，因为不涉及进口，从招标开始 1 个半月就能搞定的，预计 6 月底完成相关支出		

2. 改善科研条件专项采购指南

XXX项目采购指南

序号	项目类型	项目单位	课题号	联系人	预算金额/万元	采购流程	参考文件
1	仪器设备购置类	××××	××××	××××	615.00	1. 意向公开：采购活动开始前30天在中国政府采购网公开采购意向。 2. 招标代理：选定招标代理公司，签署委托合同，编制招标文件等。 3. 专家论证：按规定做好专家论证工作，参与论证的专家可自行选定（专家论证环节的详细情况与条件平台处联系），专家论证意见随采购文件存档备查。 4. 组织采购： （1）组织招标，确定中标供应商 ①发布招标公告，招标文件的最短发售期为5个工作日。 ②开标、评标，评标结果在国际招标网进行公示，公示期3天，公示后上报当地机电办审批。 ③发出中标通知书，成交结果公告。 （2）签订合同，办理代理事宜 联系外贸代理公司，分别与供应商签订外贸合同，与院签订委托代理进口协议。 （3）支付货款，办理免税手续 外贸代理公司收到设备款后，按照外贸合同向供应商分批支付设备款。向当地所属海关申请办理设备进口免税。 （4）设备到港，办理清关手续 免税手续完成后，供应商发货，货物到港后，委托报关公司清关。 5. 报销结算：收到设备后，组织开箱验收，确认无误，申请报销结算。 6. 备案管理：采购活动结束后，需将设备采购相关文件，包括但不限于采购合同、专家论证意见、设备采购反馈表报送财资处。 7. 项目验收：项目结束的次年由院财务组织项目验收	

3. 项目支出绩效执行监控表

项目支出绩效执行监控
（20XX 年度）

项目名称	××××				
主管部门及代码	水利部	实施单位	中国水利水电科学研究院本级		
项目资金 / 万元		年初预算数	1—7 月执行数	1—7 月执行率	全年预计执行数
	年度资金总额：	414.00	140.36	33.9%	414.00
	其中：财政拨款	414.00	140.36	33.9%	414.00
	其他资金				

年度总体目标	
	目标 1: 完成北院电气火灾漏电监控系统、消防系统、强电系统、视频监控系统； 目标 2: 完成综合消防监控机房改造； 目标 3: 完成破路面挖填土及恢复； 目标 4: 完成北院更换闭门器，增加标识牌等

绩效指标	一级指标	二级指标	三级指标	年度指标值	1—7 月执行数	全年预计执行数	偏差原因分析（表格里面打√）经费保障	制度保障	人员保障	硬件条件保障	其他	原因说明	完成目标可能性	备注
	成本指标	经济成本指标	是否按照概算合理控制成本	是	是	是							确定能	
	产出指标	数量指标	电气火灾漏电监控系统（××个）	1 个	0	1 个					√	按照进度要求，还未开展此项施工	确定能	
	产出指标	数量指标	更换闭门器（××个）	110 个	0	110 个					√	按照进度要求，还未开展此项施工	确定能	

续表

	一级指标	二级指标	三级指标	年度指标值	1—7月执行数	全年预计执行数	偏差原因分析（表格里面打√）						完成目标可能性	备注
							经费保障	制度保障	人员保障	硬件条件保障	其他	原因说明		
绩效指标	产出指标	数量指标	恢复路面（××m^2）	915m^2	915m^2	915m^2							确定能	
	产出指标	数量指标	强电系统（××个）	1个	1个	1个							确定能	
	产出指标	数量指标	视频监控系统（××个）	1个	1个	1个							确定能	
	产出指标	数量指标	完成破路面挖填土（××方）	1311方	1311方	1311方							确定能	
	产出指标	数量指标	完成综合消防监控机房改造	1处	1处	1处							确定能	
	产出指标	数量指标	消防系统（××个）	1个	1个	1个							确定能	
	产出指标	数量指标	增加标识牌（××个）	1020个	0	1020个					√	按照进度要求，还未开展此项施工	确定能	
	产出指标	时效指标	及时签订合同	是	是	是							确定能	
	效益指标	经济效益指标	显著降低管理成本	显著	显著	显著							确定能	
	满意度指标	服务对象满意度指标	运行管理单位满意度（≥××%）	≥90%	≥90%	≥90%							确定能	

填报说明：1. 标注颜色部分由项目负责人填写，其他内容由财资处统一提供。
2. 偏差原因分析在对应原因表格里面打√，同时在原因说明表格里要详细描述偏差原因。
3. 完成目标可能性有下拉框可以选择，分为确定能、有可能、完全不可能。
4. 对于完成目标可能性不是“确定能”的，要在备注中写清楚原因，以及采取的措施。

4. 项目支出绩效自评表

项目支出绩效自评表
（20XX 年度）

<table>
<tr><td colspan="2">项目名称</td><td colspan="8">××××</td></tr>
<tr><td colspan="2">主管部门</td><td colspan="3">水利部</td><td>实施单位</td><td colspan="4">中国水利水电科学研究院</td></tr>
<tr><td colspan="2" rowspan="5">项目资金/万元</td><td colspan="2"></td><td>年初预算数</td><td>全年预算数</td><td>全年执行数</td><td>分值</td><td>执行率</td><td>得分</td></tr>
<tr><td colspan="2">年度资金总额：</td><td>615.00</td><td>615.00</td><td>615.00</td><td>10.0</td><td>100.0%</td><td>10</td></tr>
<tr><td colspan="2">其中：财政拨款</td><td>615.00</td><td>615.00</td><td>615.00</td><td>—</td><td>0.0%</td><td>—</td></tr>
<tr><td colspan="2">上年结转资金</td><td>0.00</td><td>0.00</td><td>0.00</td><td>—</td><td>0.0%</td><td>—</td></tr>
<tr><td colspan="2">其他资金</td><td>0.00</td><td>0.00</td><td>0.00</td><td>—</td><td>0.0%</td><td>—</td></tr>
<tr><td rowspan="3">年度总体目标</td><td colspan="5">预期目标</td><td colspan="4">实际完成情况</td></tr>
<tr><td colspan="5">目标1：恢复保障仪器设备的正常运行，提升水利科研和创新能力；
目标2：提升技术水平，为大型水利工程的设计和建设提供技术支撑；
目标3：改善试验基地科研人员工作条件，提升科研人员工作环境</td><td colspan="4">目标1：恢复保障仪器设备的正常运行，提升水利科研和创新能力；
目标2：提升技术水平，为大型水利工程的设计和建设提供技术支撑；
目标3：改善试验基地科研人员工作条件，提升科研人员工作环境</td></tr>
<tr><td>一级指标</td><td>二级指标</td><td colspan="2">三级指标</td><td>年度指标值</td><td>实际完成值</td><td>分值</td><td>得分</td><td>偏差原因分析及改进措施</td></tr>
<tr><td rowspan="5">绩效指标</td><td rowspan="2">产出指标</td><td>数量指标</td><td colspan="2">仪器设备购置（××台）</td><td>= 16 台</td><td>16 台</td><td>40</td><td>40</td><td></td></tr>
<tr><td>质量指标</td><td colspan="2">验收通过验收</td><td>通过</td><td>等待验收</td><td>10</td><td>8</td><td>工作已完成，等待水利部验收</td></tr>
<tr><td rowspan="2">效益指标</td><td>社会效益指标</td><td colspan="2">提升水利科研和创新能力</td><td>显著</td><td>显著</td><td>15</td><td>15</td><td></td></tr>
<tr><td>社会效益指标</td><td colspan="2">为解决国家重大问题或具体项目研究提供支撑</td><td>显著</td><td>显著</td><td>15</td><td>15</td><td></td></tr>
<tr><td>满意度指标</td><td>服务对象满意度指标</td><td colspan="2">科研人员满意度（≥××%）</td><td>≥ 95%</td><td>100%</td><td>10</td><td>10</td><td></td></tr>
<tr><td colspan="7">总分</td><td>100</td><td>98</td><td></td></tr>
</table>

填报说明：1. 标注颜色部分需由各项目填写，其他内容由财资处统一提供。
2. 实际完成值的填写与前面的年度指标值口径、单位保持一致，年度指标值为数字、百分比、文字，实际完成值对应填写数字、百分比、文字。
3. 得分根据完成情况自行给分。
4. 扣分项在后面填写未完成原因（执行率低于 70% 的都需要说明原因）。

3 第3节 项目执行注意事项

项目执行注意事项

1. 不得违规调整预算、扩大项目开支范围

举例：某仪器设备购置项目计划采购设备45台，实际采购设备155台，经核对，实际采购设备种类、型号、数量、金额均与预算批复内容不一致，如：预算批复采购数据采集仪1台，产地德国、金额82.85万元，实际采购国产设备4台、金额23.41万元。

相关制度：《中华人民共和国预算法实施条例》第六十二条，“各部门、各单位的预算支出，必须按照本级政府财政部门批复的预算科目和数额执行，不得挪用；确需作出调整的，必须经本级政府财政部门同意”；第三十八条，“各级政府、各部门、各单位应当加强对预算支出的管理，严格执行预算和财政制度，不得擅自扩大支出范围、提高开支标准”。

《中央级科学事业单位改善科研条件专项资金管理办法》第八条，“项目单位应当严格按照批复的项目预算执行，不得擅自变更。确因特殊情况需要进行调剂的，应当按照部门预算管理的有关要求报批”。

2. 专项资金结余应上缴，不得挤占挪用项目经费

举例：某仪器设备购置项目预算金额110万元，实际采购设备支出107.59万元，项目结余资金2.41万元未上缴，并用于支付专家劳务费0.72万元、差旅费1.51万元、材料费0.18万元。

相关制度：《财政部关于印发〈中央部门结转和结余资金管理办法〉的通知》（财预〔2016〕18号）第十六条，“项目支出结余资金包括：项目目标完成或项目提前终止，尚未列支的预算资金……项目支出结余资金原则上由财政部收回”。

《水利部中央级项目支出预算管理细则（试行）》第四十九条，“水利项目形成的年度结余资金按照财政部有关规定处理：（一）对项目完成、中止或撤销形成的净结余资金，实行财政部审批管理。各单位应随部门‘一上’预算逐级上报项目结余资金安排使用计划，经财政部审批后方可动用。（二）对项目当年已经执行但

尚未完成和项目因故当年未执行需要推迟到下年执行而形成的专项结余资金，实行财政部审核备案制度。各单位可以结转下年继续使用，但不得自行改变资金用途。（三）项目支出结余资金原则上不允许在未支用的情况下连续两年结转。（四）预算年度结束后，各单位应对形成结余的原因进行分析说明。”《中央级科学事业单位改善科研条件专项资金管理办法》第十三条，“专项资金结转结余按照财政部结转结余资金管理有关规定执行”。

3. 变更项目内容应经集体决策

举例：根据“2016 年度项目实施方案”，某房屋修缮项目需要更换彩钢板顶棚，项目实施过程中，未经集体决策，工程变更取消该项内容，改为加铺一层玻璃丝绵。

相关制度：《行政事业单位内部控制规范（试行）》第四十七条，“单位应当建立与建设项目相关的议事决策机制，严禁任何个人单独决策或者擅自改变集体决策意见。决策过程及各方面意见应当形成书面文件，与相关资料一同妥善归档保管。”

4. 项目实施进度滞后，应及时申报理由

举例：根据“2017 年度项目实施方案”，某基础设施改造项目应于 2017 年 12 月完工，截至 2018 年年底，该项目仍未完成整体验收，超计划时间 12 个月。该项目实施进度滞后，未及时申报理由。

相关制度：《中央级科学事业单位改善科研条件专项资金管理办法》第十条，“项目结束后应当及时组织验收和总结，办理资产交付手续，并确认资产价值”。

5. 严格执行政府采购程序

举例：某仪器设备购置项目计划采购传感器 45 台，金额合计 123.94 万元，应全部按照政府采购程序购买。在实际采购过程中，该项目对设备进行拆分，一部分采用邀请招标方式采购加速度传感器（26 台、金额合计 47.88 万元）；另一部分未执行政府采购程序自行采购其他传感器（19 台、金额合计 85.06 万元）。

相关制度：《国务院办公厅关于印发〈中央预算单位政府集中采购目录及标准

（2020年版）〉的通知》（国办发〔2019〕55号）第三条，“除集中采购机构采购项目和部门集中采购项目外，各部门自行采购单项或批量金额达到100万元以上的货物和服务的项目、120万元以上的工程项目应按《中华人民共和国政府采购法》和《中华人民共和国招标投标法》有关规定执行”；第四条，“政府采购货物或服务项目，单项采购金额达到200万元以上的，必须采用公开招标方式。政府采购工程公开招标数额标准按照国务院有关标准执行”。

6. 严格执行内控制度，规范采购流程

举例：某仪器设备购置项目自行采购水轮机调速系统测试仿真仪1台，金额6.86万元，未开展设备询价，未编写比选报告。

相关制度：《中国水利水电科学研究院仪器设备管理实施细则》（水科科计〔2017〕47号）第十条，根据设备类型、设备原值等因素，设备购置分为6种方式：政府集中采购、公开招标、政府采购非招标采购、院级比价、所级比价、自行采购，各遵循不同采购流程。

第十一条，政府集中采购包括：属于中央预算单位政府集中采购目录及标准范围内的货物及相关配套服务，分为政府批量集中采购目录采购和政府集中采购目录采购。

政府批量集中采购目录采购流程为：设备购置单位提前3个月编制设备购置申请，提交财资处审核并报上级部门审批；设备购置单位按照上级部门通知要求领取货物和发票后，向财资处申请完成相关资金支付手续。

政府集中采购目录采购流程为：设备购置单位按照当年集中采购目录要求选定货物，与成交供货商协商拟定购置合同，经逐级审批通过后，由科研计划处加盖院合同章，开展设备购置。

第十二条，公开招标采购包括：进口设备、单项（或批量）采购金额一次性达到200万元人民币以上的国产设备。对于有特殊情况不宜采用公开招标方式的，按照财政部相关文件规定办理。

进口设备流程为：设备购置单位委托招标代理机构开展专家论证，将专家论证结果文件和《政府采购进口科研设备备案表》报财资处，经审核后报上级主管部门备案；设备购置单位委托招标代理机构进行公开招标，中标结果相关文件报科研计

划处备案；设备购置单位与中标商协商拟定购置合同，经逐级审批通过后，由科研计划处加盖院合同章，开展设备购置。进口设备总金额小于 100 万元的，无须开展同行专家论证。

单项（或批量）采购金额一次性达到 200 万元以上设备流程为：设备购置单位委托招标代理机构进行公开招标，中标结果相关文件报科研计划处备案；设备购置单位与中标商协商拟定购置合同，经逐级审批通过后，由科研计划处加盖院合同章，开展设备购置。

第十三条　政府采购非招标采购包括：单项（或批量）采购金额大于等于 100 万元人民币且小于等于 200 万元的国产设备。流程为：设备购置单位委托招标代理机构进行竞争性谈判或者询价，评审结果相关文件报科研计划处备案；设备购置单位与成交供货商协商拟定购置合同，经逐级审批通过后，由科研计划处加盖院合同章，开展设备购置。

第十四条　院级比价包括：单项（或批量）采购金额大于等于 50 万元人民币且小于 100 万元人民币的国产设备。流程为：设备购置单位编制招标文件，报所管理小组审核通过后，发布招标邀请；所管理小组审查投标文件并编写审查报告；科研计划处对投标文件和审查报告形式审查通过后，提交院领导小组评审选定供货商；设备购置单位与成交供货商协商拟定购置合同，经逐级审批通过后，由科研计划处加盖院合同章，开展设备购置。参与院级比价的供货商不得少于 3 家。

招标文件内容应包括：投标邀请；投标人须知（包括密封、签署、盖章要求等）；投标人应当提交的资格、资信证明文件；投标报价要求、投标文件编制要求和投标保证金交纳方式；招标项目的技术规格、要求和数量，包括附件、图纸等；合同主要条款及合同签订方式；交货和提供服务的时间；评标方法、评标标准和废标条款；投标截止时间、开标时间及地点。

第十五条　所级比价包括：单项（或批量）采购金额大于等于 10 万元人民币且小于 50 万元人民币的国产设备。流程为：设备购置单位编制招标文件，经所管理小组审核通过后，发布招标邀请；所管理小组组织开展所级比价，选定成交供货商，编写评审报告；设备购置单位提交购置合同和评审报告，经逐级审批通过后，由科研计划处加盖院合同章，开展设备购置。参与所级比价的供货商不得少于 3 家。

第十六条　自行采购包括：单项（或批量）采购金额小于 10 万元人民币的国产设备。流程为：设备购置单位开展设备询价，编写比选报告，报所评审小组审批通过；设备购置单位提交购置合同和比选报告，经逐级审批通过后，由科研计划处加盖院合同章，开展设备购置。参与设备询价的供货商不得少于 3 家，设备比选报告须由设备购置单位负责人、2 人以上询价人员签字。

7. 规范履行合同，不得提前支付合同款，按合同约定扣留质量保证金

举例：某房屋修缮项目与 A 公司签订施工合同，合同金额为 372.20 万元，合同约定：当工程进度款支付累计总额达到合同价款的 80% 后，不再继续支付工程款，工程结算经审计确定后，支付至结算价款的 95%，剩余 5% 为工程质保金。2017 年 10 月，在未做工程结算审核的情况下，该项目全额支付 A 公司工程合同款 372.20 万元，且未按规定扣留 5% 质保金，支付进度不符合合同约定。

相关制度:《水利部中央级项目支出预算管理细则（试行）》（水财经〔2005〕549 号）第四十六条，“项目经费报销和结算必须取得真实合法的原始凭证，并经经办人审查，财务部门负责人、项目负责人审核。对外支付合同价款必须按照合同约定执行”。

8. 在规定时限内签订合同

举例：经国际竞争性招标，某仪器设备购置项目于 2018 年 9 月 7 日向 B 公司下发中标通知书。82 日后，即 2018 年 11 月 28 日，双方及外贸代理方签订了三方合同。合同签订时间超出规定时限。

相关制度：《政府采购货物和服务招标投标管理办法》（财政部第 87 号令）第七十一条，“采购人应当自中标通知书发出之日起 30 日内，按照招标文件和中标人投标文件的规定，与中标人签订书面合同”。

第 3 部分

改善科研条件专项验收

1 第1节 验收工作流程

1. 发布验收通知

1.1 工作内容：财资处梳理验收清单，明确当年验收项目并发布《验收通知》，对验收材料内容、格式、递交时间提出具体要求。

1.2 工作材料：《项目验收材料》

1.3 时间要求：3 月底前

1.4 经办人员：财资处预算统计科　××、××

68786207/6607　cwysk@iwhr.com

详见 11《项目验收材料》

2. 收集审查验收材料

2.1 工作内容：项目负责人按照《验收通知》要求准备验收材料，并在规定时间内将验收材料报送至财资处。财资处、条件平台处对验收材料开展审查，并及时反馈项目负责人修改完善。项目负责人根据意见修改完善验收材料，并反馈财资处复核。

2.2 工作材料：《项目验收材料》

2.3 时间要求：4—8 月

2.4 经办人员：财资处预算统计科　××

68786207　cwysk@iwhr.com

条件平台处平台与设备科　××

68786423　sunr@iwhr.com

3．开展验收

3.1 工作内容：财资处发布《验收会议通知》，明确验收会议时间、地点、ppt 汇报安排等事项。

项目负责人根据《验收会议通知》要求准备 ppt 汇报材料、现场汇报并答疑。

财资处将验收意见及时反馈项目负责人修改完善。

项目负责人修改完善后，将验收材料报财资处复核。

3.2 工作材料：PPT 及《项目验收材料》

3.3 时间要求：9—10 月

3.4 经办人员：财资处预算统计科　××

68786207　cwysk@iwhr.com

条件平台处平台与设备科　××

68786423　sunr@iwhr.com

4．行文报部备案

4.1 工作内容：财资处将验收情况行文报部备案，并将最终版验收材料装订归档。

4.2 工作材料：红头文件、项目验收材料

4.3 时间要求：10 月底前

4.4 经办人员：财资处预算统计科　××、××

68786207/6607　cwysk@iwhr.com

第 2 节

验收工作相关附件清单

1. 验收材料封面

中国水利水电科学研究院
改善科研条件专项
验收材料

项目名称：××××

项目年份：××××年

项目类别：房屋修缮 / 基础设施改造 / 仪器设备购置 /

仪器设备升级改造类

项目单位：××××所 / 中心

负 责 人：××××

批复金额：××××万元

财务课题号：×修缮购置××××××××

20××年××月××日

2. 验收材料清单

改善科研条件专项验收材料清单

第一部分　项目申报和批复文件（财资处提供）

1.1　项目申报书

1.2　财政部审核意见

1.3　项目批复文件

第二部分　项 目 执 行 文 件

2.1　项目招投标等文件（含招标、投标、评标过程文件、中标通知书、仪器设备进口申报及批复等过程文件）

2.2　合同文件（项目执行过程中签署的各类合同、协议等）

2.3　执行过程报告（含设计报告、监理报告、设备调试报告等）

2.4　设施设备采购验收单（单位工程质量竣工验收记录或设备开箱验收单，附照片）

2.5　项目明细账(含固定资产入账单)

第三部分　项 目 验 收 总 结 报 告

3.1　项目执行情况总结

3.2　项目决算表

3.3　项目合同执行情况表

3.4　项目固定资产、无形资产购置情况表

3.5　水利部中央级预算项目验收报告

3. 项目执行情况总结

项目执行情况总结

一级项目名称：科研机构改善科研条件专项

二级项目名称：××××

项目负责人：××××

项目单位（盖章）：××××

编制日期：20×× 年 ×× 月 ×× 日

主 要 内 容

一、项目概况

主要反映项目年度经费安排、主要业务工作内容及预期目标等。

二、项目组织实施情况

主要反映项目单位及负责人的任务和责任、项目单位为项目实施建立相关制度、项目质量管理体系等内容。

财政部关于印发《中央级科学事业单位改善科研条件专项资金管理办法》的通知（财教〔2021〕100 号）。

三、工作内容完成及进度情况

主要反映项目工作内容完成情况及工作进度等内容。

四、合同管理情况

主要反映项目执行中合同签订及执行情况、合同文本规范性、合同验收管理情况、工作质量和成果与合同规定匹配程度等内容。

五、项目成果质量及实施效果情况

主要反映项目成果资料、成果质量标准、实施效果等内容。

六、预算编制及执行情况

主要反映项目预算编制、批复及调整、项目实际支出等内容。

七、财务管理及会计核算情况

主要反映与项目相关的财务制度建立、项目经费使用、合同款支付及会计核算等内容。

项目组严格按照《中华人民共和国招标投标法》《中华人民共和国政府采购法》《中央级科学事业单位改善科研条件专项资金管理办法》《中央国家机关 2018—

2020年工程政府集中采购有关事宜的通知》《中国水利水电科学研究院公务卡实施细则》《中国水利水电科学研究院固定资产管理办法》等有关规定和要求执行，做到专款专用，单独核算。

20××年××月××日，报销专业设备购置费/基础设施维修费/房屋维修费××万元；20××年××月××日，报销专业设备购置费/基础设施维修费/房屋维修费××万元……

（与《项目明细账》保持一致）

八、资产管理情况

主要反映项目资产购置、验收、登记、入账等内容。（与《财政科研项目经费报销单（含固定资产入账单）》保持一致）

九、政府采购管理情况

主要反映项目政府采购方式、程序、执行等内容。

本项目严格按照《中华人民共和国政府采购法》《中华人民共和国招标投标法》《国务院办公厅关于印发〈中央预算单位政府集中采购目录及标准（2020年版）〉的通知》《关于中央国家机关2018—2020年工程集中采购有关事宜的通知》等规章制度执行，采购方式、程序和执行情况均符合上述文件要求。

十、项目档案管理情况

主要反映项目文件材料及成果的收集、整理和归档等内容。

项目已完成过程材料的收集与整理，待验收通过后按照《中国水科院档案管理办法》相关要求及时进行归档。

4. 项目决算表

XXXX项目决算表

单位：万元

类别	科目	预算数	预算调整数	调整后预算数	实际支出数	差异	差异比例
资金来源	合计						
	财政性资金						
	其他资金						
支出明细	合计						
	大型修缮						
	基础设施建设						
	专用设备购置						
	信息网络及软件购置更新						
	专用材料费						
	维修（护）费						
	…						
结转（结余）							

填表说明：1. 金额一律保留两位小数。
2. 支出明细根据项目实际填报，可增加，未使用科目请删除。
3. 预算调整额，增加数以正数填列，减少数以负数填列。
4. 差异额 = 实际支出数 − 调整后预算数。
5. 差异比例 = 差异额 / 调整后预算数 ×100%。

5. 项目合同执行情况表

XXXXXXXX 项目合同执行情况表

单位：万元

序号	合同名称	承担单位	合同金额	实际支付金额	是否完成合同验收
一	委托业务费合同				
1					
2					
…					
二	其他合同				
1					
2					
…					
	合　　计				

填表说明：1. 委托业务费合同：按项目预算申报文本及项目实施情况填写。
2. 其他合同：填写本项目除委托业务费合同以外的合同。
3. 以上合同应与“第二部分　项目执行文件”中“2.2 合同文件”保持一致。

6. 项目固定资产购置情况表

XXXX 项目固定资产购置情况表

单位：万元

序号	预算情况				实际执行情况					是否政府采购	政府采购方式	是否验收登记入账
	名称	单位	数量	金额	名称	型号	单位	数量	金额			
一	专用设备				一、专用设备							
1												
2												
二	…				…							
1												
2												
	合计											

填写说明：1. 固定资产名称类别，按水利固定资产分类标准填写通用设备、专用设备等。
2. 政府采购方式，填写批量集中采购、协议供货、公开招标、邀请招标、竞争性谈判、单一来源采购、询价等。

7. 项目验收报告

水利部中央级预算项目
验收报告

项 目 单 位： ××××所/中心

一级项目名称： 科研机构改善科研条件专项

二级项目名称： ××××

验 收 单 位： 中国水利水电科学研究院

验 收 时 间： 20××年××月××日

<table>
<tr><td colspan="5">一、项目基本情况</td></tr>
<tr><td>项目负责人</td><td colspan="2">×××××</td><td>职务</td><td>××××</td></tr>
<tr><td>项目类型</td><td colspan="2">1 重大改革项目 □
2 专项业务费项目 ☑
3 其他项目 □</td><td>项目编码</td><td>××××</td></tr>
<tr><td>项目密级</td><td colspan="4">绝密 □ 机密 □ 秘密 □ 无密级 ☑</td></tr>
<tr><td>项目期</td><td>开始时间</td><td>20×× 年 ×× 月</td><td>截止时间</td><td>20×× 年 ×× 月</td></tr>
<tr><td rowspan="2">项目经费
/万元</td><td colspan="2">预算金额</td><td colspan="2">实际支出金额</td></tr>
<tr><td colspan="2">××××</td><td colspan="2">××××</td></tr>
<tr><td colspan="5">二、项目组织实施情况审查</td></tr>
<tr><td colspan="5">该项目成立项目工作组，严格按照批复预算及实施方案组织实施</td></tr>
<tr><td colspan="5">三、项目工作内容完成及进度情况审查</td></tr>
<tr><td colspan="5">该项目主要内容包括：（对照项目申报书的主要工作内容说明项目实际实施情况）。
以上项目内容已经实施完成，实施进度符合实施方案计划时间节点要求</td></tr>
<tr><td colspan="5">四、合同管理情况审查</td></tr>
<tr><td colspan="5">项目合同审签按照规定的审批程序和权限办理，合同履行情况良好</td></tr>
<tr><td colspan="5">五、项目成果质量及实施效果审查</td></tr>
<tr><td colspan="5">符合项目申报书的要求，达到预期目标</td></tr>
<tr><td colspan="5">六、预算编制及执行情况审查</td></tr>
<tr><td colspan="5">项目预算编制合理，项目执行按照批复预算及相关经费管理办法执行，执行率 100%</td></tr>
<tr><td colspan="5">七、财务管理及会计核算情况审查</td></tr>
<tr><td colspan="5">项目经费统一纳入院财务核算管理，合同款支付及会计核算等均严格执行院财务资产管理的各项规章制度。</td></tr>
<tr><td colspan="5">八、资产管理情况审查</td></tr>
<tr><td colspan="5">按照资产管理相关规定，办理了固定资产入账等手续</td></tr>
<tr><td colspan="5">九、政府采购管理情况审查</td></tr>
<tr><td colspan="5">符合政府采购有关规定</td></tr>
<tr><td colspan="5">十、项目档案（资料）管理情况审查</td></tr>
<tr><td colspan="5">项目相关档案材料齐全</td></tr>
</table>

续表

<table>
<tr><td colspan="5">十一、验收意见</td></tr>
<tr><td colspan="5">20××年×月×日，中国水利水电科学研究院在北京主持召开了由所属××所承担的项目“×××××”（项目编号：×××××）验收会。验收专家组听取了项目执行情况汇报，审阅了验收材料等文件，经质询和讨论，形成验收意见如下：
1. 项目按申报书要求完成了相关工作内容，提交的验收资料齐全，符合验收要求。
2. 按照项目申报书的任务，分项说明工作任务、完成情况、实施效果亮点。
3. 项目经费使用合理。
综上所述，该项目完成了申报书规定的工作内容，达到了预期目标，同意通过验收。</td></tr>
<tr><td colspan="5">十二、验收组成员</td></tr>
<tr><td>姓名</td><td>专业</td><td>职务 / 职称</td><td>单位</td><td>签字</td></tr>
<tr><td></td><td></td><td></td><td></td><td></td></tr>
<tr><td></td><td></td><td></td><td></td><td></td></tr>
<tr><td></td><td></td><td></td><td></td><td></td></tr>
<tr><td></td><td></td><td></td><td></td><td></td></tr>
<tr><td></td><td></td><td></td><td></td><td></td></tr>
<tr><td></td><td></td><td></td><td></td><td></td></tr>
<tr><td></td><td></td><td></td><td></td><td></td></tr>
<tr><td colspan="5">验收组组长（签字）：

年　月　日</td></tr>
</table>

第 4 部分

改善科研条件专项管理办法及通知

1. 财政部关于印发《中央级科学事业单位改善科研条件专项资金管理办法》的通知

财教〔2021〕100号

党中央有关部门，国务院有关部委、有关直属机构，高检院，有关人民团体：

为切实改善中央级科学事业单位的科研条件，推进科技创新能力建设，规范和加强中央级科学事业单位改善科研条件专项资金管理，根据《中华人民共和国预算法》及其实施条例、《中共中央、国务院关于全面实施预算绩效管理的意见》、《国务院关于进一步深化预算管理制度改革的意见》（国发〔2021〕5号）等有关规定，我部对《中央级科学事业单位修缮购置专项资金管理办法》（财教〔2006〕118号）进行了修订。现予印发，请遵照执行。

附件：《中央级科学事业单位改善科研条件专项资金管理办法》

财政部

2021年6月29日

中央级科学事业单位改善科研条件专项资金管理办法

第一条 为切实改善中央级科学事业单位的科研条件，推进科技创新能力建设，规范和加强中央级科学事业单位改善科研条件专项资金（以下称专项资金）管理，根据《中华人民共和国预算法》及其实施条例、《中共中央、国务院关于全面实施预算绩效管理的意见》、《国务院关于进一步深化预算管理制度改革的意见》（国发〔2021〕5号）、《国务院关于国家重大科研基础设施和大型科研仪器向社会开放的意见》（国发〔2014〕70号）、《行政事业性国有资产管理条例》等有关规定，制定本办法。

第二条 专项资金的管理原则：

（一）科学规划，突出重点。强化规划约束，立足专项定位及科研工作实际，区分轻重缓急，量力而行，切实解决科技基础条件建设面临的紧迫、重大需求。

（二）统筹资源，共享共用。强化顶层设计，盘活存量资源，有效调控增量资源，做好与其他资金的统筹衔接，实现开放共享，切实提高资源配置效率。

（三）专款专用，规范管理。强化法人责任，专项资金纳入项目单位财务统一管理，单独核算，防范风险，切实确保资金的安全性、规范性。

（四）突出绩效，激励约束。强化绩效意识，建立健全全过程预算绩效管理机制，严格绩效评价和结果应用，切实提高资金使用效益。

第三条 专项资金的支持范围：

（一）连续使用15年以上、且已不能适应科研工作需要的科研用房及科研辅助设施的维修改造。高盐、高湿、高寒、高海拔等特殊条件下的科研用房及科研辅助设施，可适当放宽使用年限。

（二）水、暖、电、气等基础设施的维修改造。

（三）直接为科研工作服务的科学仪器设备、文献资料（含电子图书等）购置。

（四）利用成熟技术，自主研制用于科研的仪器设备，或对尚有较好利用价值、直接服务于科研的仪器设备所进行的功能扩展、技术升级等。

第四条 专项资金的使用应当厉行节约，用于项目单位在项目执行中所发生的材料费、设备或文献购置费、劳务费、水电动力费、设计费、运输费、安装调试费、测试化验加工费以及其他在项目执行中所发生的必要费用。

第五条 专项资金项目应当按照部门预算管理有关规定和程序，纳入预算项目库，实施项目全生命周期管理。

项目单位应当做实做细项目储备，对申请拟纳入预算项目库的项目按规定完成可行性研究论证、制定具体实施计划等工作。对于需要分年支出的项目，应当根据年度资金支付需要，合理编制分年支出计划。

主管部门对项目单位申报的项目进行审核。按照“先评审后入库”的原则，组织开展预算评审和事前绩效评估。将审核通过的项目纳入部门项目库并按照轻重缓急进行排序。

财政部对主管部门申报的项目进行审核,审核通过的项目统一纳入预算项目库。根据管理需要，财政部可以对主管部门申报项目组织开展再评审。

第六条 申请购置单台（套）价格在200万元人民币及以上仪器设备，应当按照中央级新购大型科研仪器设备查重评议有关规定执行。

第七条 财政部按照部门预算管理的有关要求确定并下达项目预算到主管部门。主管部门应当按规定时间及时将项目预算批复所属项目单位。

第八条 项目单位应当严格按照批复的项目预算执行，不得擅自变更。确因特殊情况需要进行调剂的，应当按照部门预算管理的有关要求报批。

第九条 主管部门应当加强对项目的监督管理，及时跟踪专项资金使用情况，指导督促项目单位采取合理措施加快执行进度。

第十条 项目结束后应当及时组织验收和总结，办理资产交付手续，并确认资产价值。

第十一条 专项资金支出属于政府采购范围的,按照政府采购的有关规定执行。

第十二条 专项资金支付，按照国库集中支付制度有关规定执行。

第十三条 专项资金结转结余按照财政部结转结余资金管理有关规定执行。

第十四条 项目单位应当按照相关会计制度对专项资金收入、支出、费用、形成的资产等进行会计核算，纳入单位决算和政府财务报告，统一编报。

第十五条 项目单位应当加强资产配置管理，使用专项资金形成的资产属国有资产，应当按国有资产管理的有关规定加强管理。

第十六条 项目单位要按照国家有关规定，切实履行开放职责，建立相应管理制度，最大限度推进科研设施与仪器设备对外开放、共享共用。相关主管部门应当切实履行对单位科研设施与仪器设备对外开放、共享共用情况的管理和监督职责。开放共享情况作为项目预算评审和预算安排的重要依据。

第十七条 主管部门和项目单位应当按照全面实施预算绩效管理有关要求，对项目实施全过程绩效管理，科学设定项目绩效指标，做好绩效运行监控，按要求开展年度绩效自评。主管部门每 5 年对专项资金整体实施效果开展一次部门评价。财政部根据需要开展财政评价。绩效评价结果作为完善政策、改进管理、预算安排的重要依据。

第十八条 项目单位是专项资金使用管理的责任主体，应当严格遵守国家财经纪律，切实履行法人责任，健全内部管理机制，按照规定自觉接受审计、监察、财政及主管部门的监督检查。专项资金申报、使用过程中存在违法违规行为的，应当按照《中华人民共和国预算法》及其实施条例、《财政违法行为处罚处分条例》等有关规定追究相应责任。涉嫌犯罪的，依法移送有关机关处理。

第十九条 财政部、主管部门及其工作人员在专项资金分配使用、审核管理等工作中，存在违反本办法规定，以及其他滥用职权、玩忽职守、徇私舞弊等违法违规行为的，依法责令改正，并追究相应责任。涉嫌犯罪的，依法移送有关机关处理。

第二十条 各有关主管部门应当依据本办法制定实施细则，并报财政部备案。

第二十一条 本办法自发布之日起施行，《中央级科学事业单位修缮购置专项资金管理办法》（财教〔2006〕118 号）、《财政部关于〈中央级科学事业单位修缮购置专项资金管理办法〉的补充通知》（财科教〔2016〕21 号）同时废止。

附件 1　培训材料

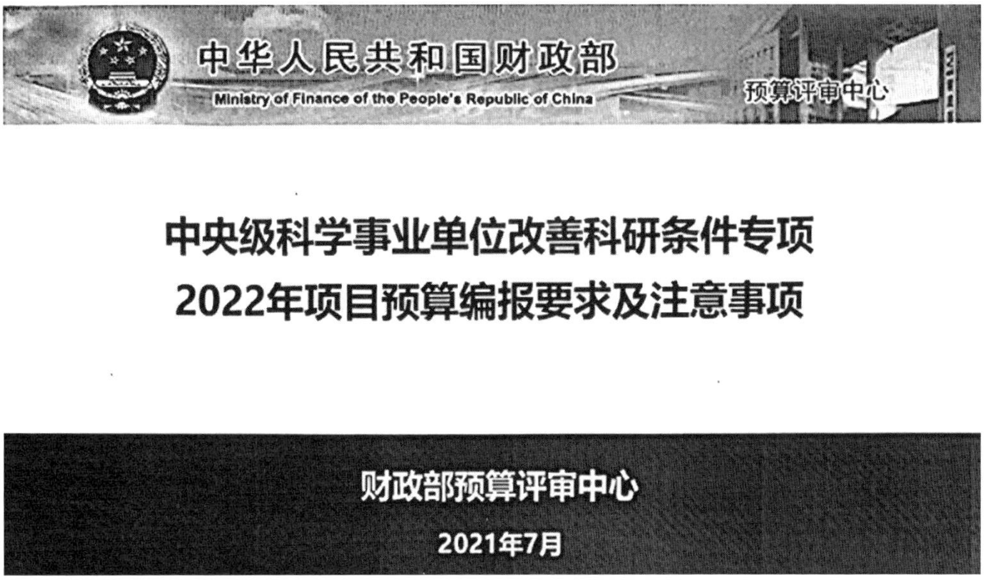
中华人民共和国财政部
Ministry of Finance of the People's Republic of China
预算评审中心
中央级科学事业单位改善科研条件专项
2022年项目预算编报要求及注意事项
财政部预算评审中心
2021年7月

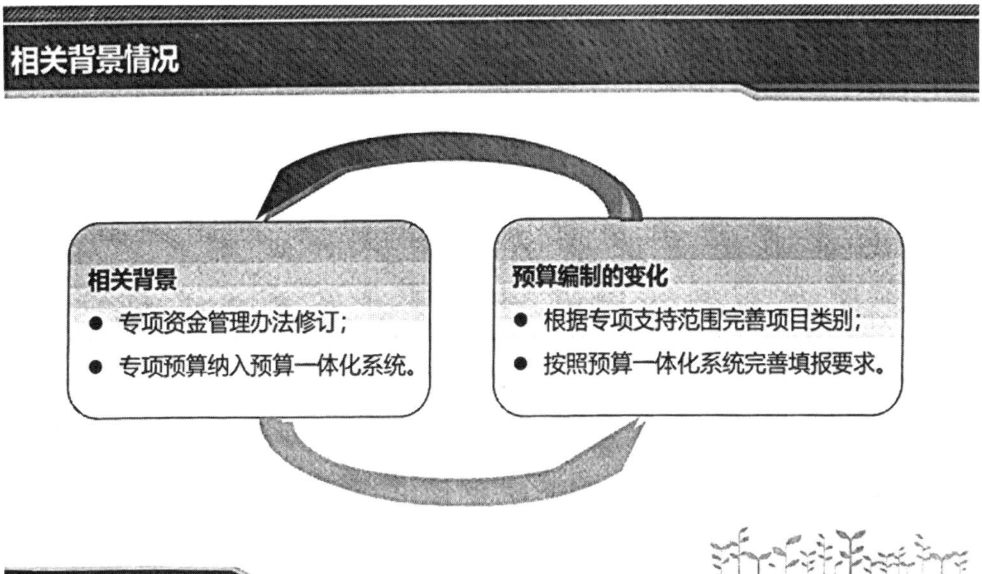
相关背景情况
相关背景
专项资金管理办法修订；
专项预算纳入预算一体化系统。
预算编制的变化
根据专项支持范围完善项目类别；
按照预算一体化系统完善填报要求。

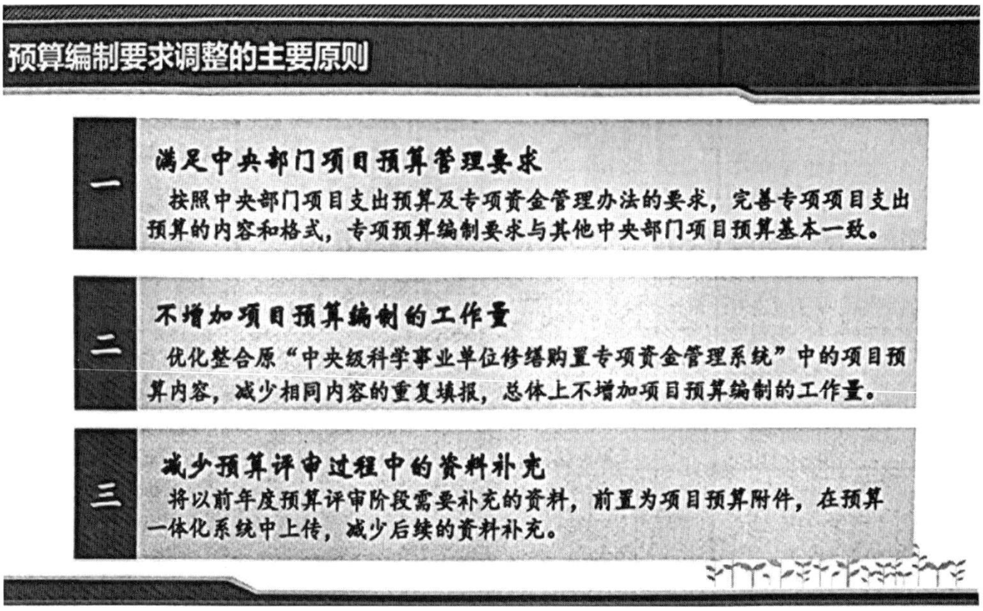
预算编制要求调整的主要原则
一
满足中央部门项目预算管理要求
按照中央部门项目支出预算及专项资金管理办法的要求，完善专项项目支出预算的内容和格式，专项预算编制要求与其他中央部门项目预算基本一致。
二
不增加项目预算编制的工作量
优化整合原“中央级科学事业单位修缮购置专项资金管理系统”中的项目预算内容，减少相同内容的重复填报，总体上不增加项目预算编制的工作量。
三
减少预算评审过程中的资料补充
将以前年度预算评审阶段需要补充的资料，前置为项目预算附件，在预算一体化系统中上传，减少后续的资料补充。

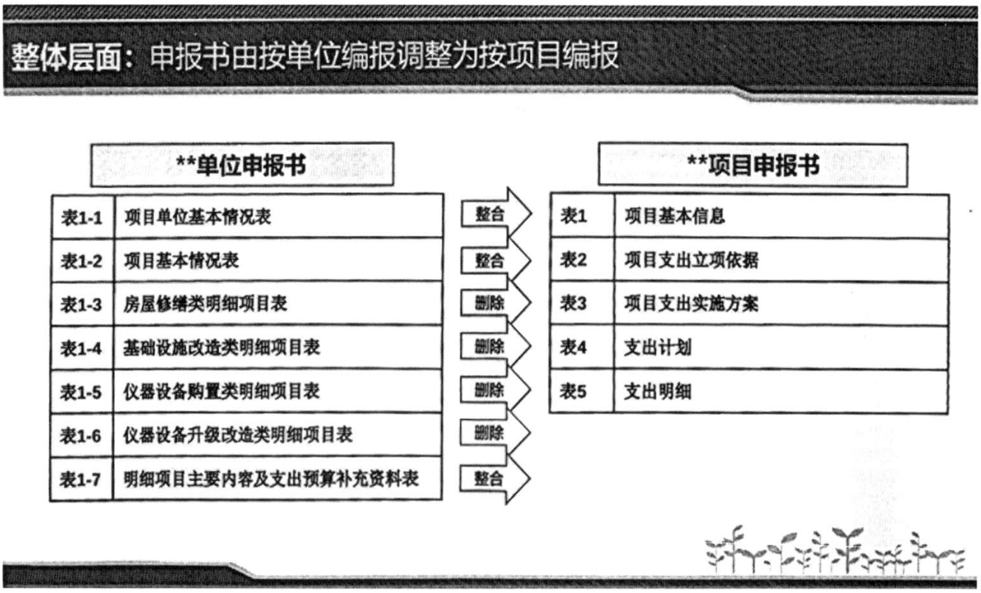
整体层面：申报书由按单位编报调整为按项目编报
**单位申报书
表1-1 项目单位基本情况表
表1-2 项目基本情况表
表1-3 房屋修缮类明细项目表
表1-4 基础设施改造类明细项目表
表1-5 仪器设备购置类明细项目表
表1-6 仪器设备升级改造类明细项目表
表1-7 明细项目主要内容及支出预算补充资料表
整合
整合
删除
删除
删除
删除
整合
**项目申报书
表1 项目基本信息
表2 项目支出立项依据
表3 项目支出实施方案
表4 支出计划
表5 支出明细

表1-2 **项目基本情况表**

<table>
<tr><td rowspan="6">项目申请经费</td><td>项目类型 经费来源</td><td>总计(万元)</td><td>中央财政(万元)</td><td>主管部门(万元)</td><td>其它(万元)</td></tr>
<tr><td>总 计</td><td></td><td></td><td></td><td></td></tr>
<tr><td>房屋修缮</td><td></td><td></td><td></td><td></td></tr>
<tr><td>基础设施改造</td><td></td><td></td><td></td><td></td></tr>
<tr><td>仪器设备购置</td><td></td><td></td><td></td><td></td></tr>
<tr><td>仪器设备升级改造</td><td></td><td></td><td></td><td></td></tr>
<tr><td>项目基本情况概述</td><td colspan="5">（尽可能以量化的指标简要阐明项目实施的意义，各明细项目工作目标、验收标准及项目实施的保障条件等，可续页。）
一、项目申报单位概况
二、项目申报思路与目标
1. A项目
2. B项目
……
三、立项必要性
1. A项目
2. B项目
……
四、项目主要内容
1. A项目
2. B项目
……
五、仪器设备项目工期进度安排
六、设备购置项目验收标准及实施保障条件</td></tr>
</table>

以项目为单元编制申报书：

- 预算一体化系统的基本要求；
- 申报单位概况可在多个项目申报书中直接复制，不增加工作量；
- 按项目说明项目立项必要性、主要内容及目标、组织保障条件等，内容更加有序；
- 购置、修缮、改造的具体内容、经费需求、测算依据等，在项目支出明细表或附件中详细说明即可，减少重复的文字描述。

新增表1 项目基本信息

项目基本信息			
项目基本信息			
所属一级项目		科目代码	
项目单位		项目代码	
项目名称			
项目属性信息			
项目类别		基建属性	
计划开始执行年份		项目周期	
最新批复年份		密级	
保密期限单位		保密期限	
是否科研项目			
项目管理信息			
项目负责人		职务	
联系人电话			
项目其他信息			
是否横向标识		财政审核状态	
是否标识上报财政库			
统计口径设置			
部门统计标识	改善科研条件专项		

- 预算一体化系统中的项目标识，参照其他部门预算项目填写即可。

原有内容平移为表2 项目支出立项依据

<table>
<tr><td colspan="4">项目支出立项依据</td></tr>
<tr><td colspan="4">（20**年度）</td></tr>
<tr><td colspan="4"></td></tr>
<tr><td>项目名称</td><td colspan="3"></td></tr>
<tr><td>项目单位</td><td colspan="3"></td></tr>
<tr><td>主管单位及代码</td><td></td><td>项目类别</td><td></td></tr>
<tr><td>项目开始年份</td><td></td><td>项目周期</td><td></td></tr>
<tr><td>项目支出立项依据</td><td colspan="3">房屋修缮及基础设施改造类：
（一）项目实施的意义和目标。
（二）项目的必要性和紧迫性。

购置、研制及升级改造类：
（一）项目实施必要性和紧迫性。
（二）项目负责人。（项目负责人学术水平、科研能力、设备需求等内容介绍）
（三）承担与项目相关的科研任务情况。（项目单位承担的、与本项目相关的科研任务情况介绍，包括：项目类别、项目名称、实施周期、项目经费预算等）</td></tr>
</table>

注意事项：

- 基本为原“项目基本情况表-项目基本情况概述”栏中相关内容平移，无明显变化。
- 不同类别项目内容各有侧重：房屋修缮及基础设施改造类&购置、研制及升级改造类。
- 项目申报单位概况部分可在本表中填列，或者在表3中上传单独的附件。

原有内容平移为表3 项目支出实施方案

<table>
<tr><td colspan="4">项目支出实施方案</td></tr>
<tr><td colspan="4">（20**年度）</td></tr>
<tr><td colspan="4"></td></tr>
<tr><td>项目名称</td><td colspan="3"></td></tr>
<tr><td>项目单位</td><td colspan="3"></td></tr>
<tr><td>主管单位及代码</td><td></td><td>项目类别</td><td></td></tr>
<tr><td>项目开始年份</td><td></td><td>项目周期</td><td></td></tr>
<tr><td>项目支出实施方案</td><td colspan="3">（一）房屋修缮类。
1.项目实施方案。（应说明房屋修缮工程的基本情况，如实施地点、建成时间、建筑面积、修缮方式、修缮主要内容及规模、实施周期等；说明修缮完成后的预期效果、用途等）
2.项目实施的组织保障条件。
3.经费需求及测算依据。（应说明总经费需求及测算依据、各分项内容及经费明细、经费来源说明等。
（二）基础设施改造类。
1.项目实施方案。（应说明基础设施改造工程的基本情况，如实施地点、投入使用时间、基础设施服务范围、改造方式、改造主要内容及规模、实施周期等；说明改造完成后的预期效果、用途等）
2.项目实施的组织保障条件。
3.经费需求及测算依据。（应说明总经费需求及测算依据、各分项内容及经费明细、经费来源说明等。）
（三）购置类。
1.项目主要内容和目标介绍。（先介绍项目主要内容，之后依次介绍拟购置的每台仪器设备基本情况）如：
（1）**设备。①购置理由及主要用途。②主要技术指标及配置。③厂家报价及选型。④现有同类型仪器设备使用管理情况。
（2）**设备。①购置理由及主要用途。②主要技术指标及配置。③厂家报价及选型。④现有同类型仪器设备使用管理情况。
2.项目实施的组织保障条件。（包括但不限于：人员、场地、管理制度等）
（四）设备研发和升级改造类。
1.项目主要内容和目标介绍。（先介绍项目主要内容，之后依次介绍拟自研或升级改造的仪器设备基本情况）如：
（1）**设备自研。①自研理由及主要用途。②自研设备可行性论证报告。③自研设备所需技术条件情况。④自研设备的具体性能、功能指标。⑤自研设备项目实施方式。
（2）**设备升级改造。①升级改造理由及主要用途，设备现状及需求情况。②升级改造的经济性说明（升级改造与新设备购置的优劣）。③升级改造的主要内容。④设备升级改造后的具体性能、功能指标。⑤升级改造项目的实施方式。
2.项目实施的组织保障条件。（包括但不限于：人员、场地、管理制度等）</td></tr>
</table>

注意事项：

- 基本为原“项目基本情况表-项目基本情况概述”栏中相关内容平移，无明显变化。
- 不同类别项目内容各有侧重：房屋修缮&基础设施改造&购置&设备研发和升级改造。
- 经费需求及测算依据可根据情况做适当简化（蓝色字体部分）。
- 增加附件上传功能，不同类别项目的附件各有侧重。

附件内容：

通用类

- 申报单位简介（包括但不限于单位基本情况，科研队伍、科技经费、科技成果等情况）。
- 前三年本专项预算执行情况表。
- 以往年度通过评审但未安排预算重新申报的情况（需重点说明项目立项背景及需求、项目内容是否发生变化，项目内容及预算安排有哪些具体变化）

专用类

房屋修缮类	项目详细的修缮方案；分部分项工程概（预）算明细表（表中应列明对应的定额标准、取费依据文件）；项目设计图纸（如有）；拟修缮的房屋现状照片；房产证等能明确拟修缮房屋产权关系的证明材料；房屋与科研相关性的说明材料；文物修缮许可等
基础设施改造类	项目详细的改造方案；分部分项工程概（预）算明细表（表中应列明对应的定额标准、取费依据文件）；项目设计图纸（如有）；拟改造基础设施的现状照片；土地使用权证等能明确拟改造范围内土地使用权或设施所有权关系的证明材料；改造内容与科研相关性的说明材料；电力增容协议等
设备购置类	设备报价单（50万元以上），需提供由厂家出具并盖章的正式报价单。针对单台套价值200万元以上的大型仪器设备，需额外提供：大型科研仪器设备购置申请报告；提供由厂家出具并盖章的正式报价单（一般需要3家以上报价）；仪器设备购置专家论证意见（申报部门、单位组织的）；现有科研仪器设备总体情况（包括但不限于仪器设备总量，大型仪器使用情况，仪器设备开放共享情况等）
自研和升级改造类	仪器设备自研或升级改造的论证意见（可行性报告）；委托研制、委托升级改造，参照设备购置项目提供相关费用报价；现有科研仪器设备总体情况（包括但不限于仪器设备总量，大型仪器使用情况，仪器设备开放共享情况等）

四、项目主要内容

（三）药植所海南分所兴隆研发基地科普馆修缮及科研设施室内环境技术改造

项目投资约：1000 万元，其中工程投资概预算：885.5 万元，工程间接费及其他费用测算：114.5 万元，具体概算如下：

1、工程直接费：：885.5 万元

（1）科普馆修缮 451.5 万元，内容有：

土建工程：439.1 万元，内容有如下：

① 拆除工程：楼墙地面装饰铲除、吊顶 1938m²；拆除 200 厚砌体墙 75.26 m³，余方弃置 199.02 m²。

② 室内建筑装饰：砌筑 180 厚灰砂砖墙 184.3 m³，块料楼地面（铺砖）1938m²；1.20 厚 1:3 水泥砂浆墙面一般抹灰 2996.1 m²，墙面贴 300*600 墙砖，2996.1 m²，窗帘 35 m²；吊顶天棚 1938m²；

③ 外立面改造工程：铲除墙体涂料面 1882 m²，人工运石渣 50m 以内挖石渣装车，余方弃置 37.64 m³；C30 商品砼斜板 120 m³；现浇构件钢筋 27.5 t；.蓝色玻纤胎沥青 256 m²，干挂灰色大理石 1882 m²。

项目支出明细表填写具体，或附有项目分部分项概算表，项目支出方案中的项目内容、经费需求、测算依据等可以简化。

表4 项目支出计划——更加突出项目整体性

资金管理办法：对于需要分年支出的项目，应当根据年度资金支付需要，合理编制分年支出计划。

序号	预算年度	支出计划	年初预算			执行调整			全年预算			预计支出			预计年度剩余			实际支出			实际年度剩余		
			小计	财政拨款	结转资金	小计	财政拨款	结转资金	小计	财政拨款	结转资金	小计	财政拨款	结转资金	小计	结转资金	结余资金	小计	财政拨款	结转资金	小计	结转资金	结余资金
1	20**																						
2	20**																						
3	20**																						

注意事项：

- 所有项目均需要填列本表，不限于分年支出的项目；
- 分年支出项目申报预算的第一年，应按计划将项目总预算合理分配至各年度；
- 申报预算的第二年起，除需填列本年支出计划外，上年实际支出、结转结余情况也应一并填写；
- 分年支出项目，年度支出计划应与“项目支出明细”表中数据勾稽。

表5 项目支出明细——表单化

房屋修缮类：项目活动分为房屋修缮和其他两类。其中房屋修缮的子活动应按照建筑单体分别填写，其他应填写与修缮工程相关的设计、监理、造价咨询等内容。

序号	项目活动	对项目活动的描述	子活动	对子活动的描述	分项支出	数量/频率	价格/标准	支出计划（万元）	备注
1	房屋修缮	项目要实现的目的1	（**号楼）修缮工程	说明修缮工程的基本情况，如实施地点、修缮方式、修缮主要内容及规模、实施周期等。		**平方米（修缮面积）	**万元（综合单价）	**（修缮总价）	若修缮工程存在分年度实施、使用除中央财政以外其他资金实施等情况，需备注说明情况及原因。
2	……	……	（**号楼）修缮工程	……		……	……	……	……
3	……	项目要实现的目的2	（**号楼）修缮工程	……		……	……	……	……
4	……	……	（**号楼）修缮工程	……		……	……	……	……

设备研发和升级改造类：项目活动应根据自研或升级改造的主要设备或核心设备填写。子活动应按照具体工作内容的各项支出费用填写，其他应填写与设备自研或升级改造的必要、直接费用，并明确说明关联性。

序号	项目活动	对项目活动的描述	子活动	对子活动的描述	分项支出	数量/频率	价格/标准	支出计划（万元）	备注
1	A设备自研	自研设备的技术条件、设备用途，以及自研设备的具体功能、性能目标	设计费	按设备设计费用的构成逐行填列。				**	……
3	……	……	材料费	按材料、器件、部件的品类逐行填列，并注明具体规格型号、品牌等。		**台/件/KG	**万元	**	……
5	……	……	加工费	按设备加工费用的构成逐行填列。				**	……
7	……	……	其他直接相关费用	按其他直接相关费用的具体构成逐行填列。		……	……	**	说明与子活动的关联性

项目活动、子活动如何分解？——以项目支出明细结构清晰为目标弹性分解。

示例：基础设施改造项目

序号	单位工程名称	金额（元）
一	锅炉更换，安装保暖设施	1,344,614.53
1.1	锅炉及室外采暖工程	428,753.01
1.2	饲料车间-暖	50,300.36
1.3	育苗车间-暖	65,561.16
1.4	空气源热泵采暖、制冷系统	500,000.00
1.5	玻璃钢水槽	300,000.00
二	基地路面硬化、围墙改造	1,344,776.91
2.1	规划道路、边石及大门改造工程	1,325,074.27
2.2	围墙改造	19,702.64
三	尾水排水管道及排水沟设施	80,759.92
四	太阳能加热系统	1,830,000.00

⇨

项目活动	描述	子活动
锅炉更换，安装保暖设施		锅炉及室外采暖工程
		饲料车间-暖
		育苗车间-暖
		空气源热泵采暖、制冷系统
		玻璃钢水槽
基地路面硬化、围墙改造		规划道路、边石及大门改造工程
		围墙改造
尾水排水管道及排水沟设施		尾水排水管道及排水沟设施
太阳能加热系统		太阳能加热系统

√

示例：房屋修缮项目

序号	单位工程名称	金额（元）
一	屋顶防水工程	2,000,000.00
1.1	A楼	600,000.00
1.2	B楼	800,000.00
1.3	C楼	600,000.00
二	外墙保温工程	3,000,000.00
2.1	A楼	900,000.00
2.2	B楼	1,200,000.00
2.3	C楼	900,000.00

⇨

项目活动	描述	子活动
屋顶防水工程		A楼
		B楼
		C楼
外墙保温工程		A楼
		B楼
		C楼

√

⇨

项目活动	描述	子活动
A楼修缮		屋顶防水工程
		外墙保温工程
B楼修缮		屋顶防水工程
		外墙保温工程
C楼修缮		屋顶防水工程
		外墙保温工程

√

支出明细需要多细？——分项支出有独立的测算依据

项目活动	描述	子活动	分项支出	支出计划（万元）	备注
锅炉更换，安装保暖设施		锅炉及室外采暖工程		42.88	
		饲料车间-暖		5.03	
		育苗车间-暖		6.56	
		空气源热泵采暖、制冷系统		50.00	
		玻璃钢水槽		30.00	
基地路面硬化、围墙改造		规划道路、边石及大门改造工程		132.51	
		围墙改造		1.97	
尾水排水管道及排水沟设施		尾水排水管道及排水沟设施		8.08	
太阳能加热系统		太阳能加热系统		183.00	

×

项目活动	描述	子活动	分项支出	支出计划（万元）	备注
锅炉更换，安装保暖设施		锅炉及室外采暖工程		42.88	详见分部分项概算明细表
		饲料车间-暖		5.03	
		育苗车间-暖		6.56	
		空气源热泵采暖、制冷系统		50.00	
		玻璃钢水槽		30.00	
基地路面硬化、围墙改造		规划道路、边石及大门改造工程		132.51	
		围墙改造		1.97	
尾水排水管道及排水沟设施		尾水排水管道及排水沟设施		8.08	
太阳能加热系统		太阳能加热系统		183.00	

√

建议房屋修缮、基础设施改造类项目，编制分部分项概算明细表

子活动	分项支出	数量/频率	价格/标准	支出计划（万元）
锅炉及室外采暖工程				42.88
	分部分项工程费			38.19
	措施项目费			0.08
	其他项目费			0.00
	规费			0.13
	工伤保险(按建设项目计取)			0.04
	安全施工措施费			0.66
	远程监控费			0.00
	人工费调整			0.21
	税金			3.54
	交易中心服务费			0.02
饲料车间-暖				5.03
	……			
育苗车间-暖				6.56
空气源热泵采暖、制冷系统				50.00
玻璃钢水槽				30.00
规划道路、边石及大门改造工程				132.51
围墙改造				1.97
尾水排水管道及排水沟设施				8.08
太阳能加热系统				183.00

×

子活动	分项支出	数量/频率	价格/标准	支出计划（万元）
锅炉及室外采暖工程				42.88
	分部分项工程费			38.19
	人工挖基坑土方坑深≤2m 一、二类土	0.97	245.76	0.0238
	人工回填土 人工夯实	0.78	156.24	0.0122
	人工装车 土方	0.18	110.70	0.0020
	自卸汽车运土方 运距5km	0.16	97.29	0.0016
	现浇混凝土基础 基础垫层	0.60	2,985.14	0.1800
	……			
	措施项目费			0.08
	文明施工和环境保护费		0.85%	0.0122
	临时施工费		0.85%	0.0122
	……			
	其他项目费			0.00
	规费			0.13
	工伤保险(按建设项目计取)			0.04
	安全施工措施费			0.66
	远程监控费			0.00
	人工费调整			0.21
	税金			3.54
	交易中心服务费			0.02
饲料车间-暖				5.03
	……			
育苗车间-暖				6.56
空气源热泵采暖、制冷系统				50.00
玻璃钢水槽				30.00
规划道路、边石及大门改造工程				132.51
围墙改造				1.97
尾水排水管道及排水沟设施				8.08
太阳能加热系统				183.00

√

附件 2　2022 年科研机构改善科研条件专项资金预算编报要求

1. 申报时间要求？

2021 年 8 月 30 日前，跟随部门预算“一上”，正式上报财政部。

2. 是否需要填报原来的“修缮购置专项资金管理信息系统”？

不需要。2022 年预算起，全部通过部门预算系统填报。

3. 上报材料有哪些要求？

一是 2022 年起，不再单独提交纸质件，只需填报系统。

二是部门需对专项资金申报材料在系统进行审核，确保内容规范、完整，并统一从预算系统中导出电子版 (包括项目文本、绩效目标表、附件等，不要压缩), 一式三份 (刻录光盘), 报送科教文司。导出电子版需与预算系统完全一致。

4. 是否需填报三年规划？

一是对于需要分年支出的项目，应当根据年度资金支付需要，合理编制分年支出计划。

二是对于一年期项目，如购买仪器设备，只需编制 2022 年一年预算。

5. 部门排序情况如何上报？

一是部门需将 2022 年部门项目排序表，以电子版 (刻录光盘) 及盖司局章纸质件形式，一式两份，报送科教文司。项目名称、项目代码等信息需与预算系统保持一致 (格式如下)。

二是编制 2023 年及以后年度预算时，需要将以前年度已安排预算的多年延续项目，排在前面，并在备注列注明。

部门排序	项目名称	项目代码	单位名称	单位代码	2022 年预算 / 万元	备注

6. 项目申报必须分类申报吗？例如有的科研基地既有基础设施改造又有少部分房屋需要修缮，可以打包成一个项目吗？

可以跨类申报，可以打包成一个项目。但需注意：

一是打包成一个项目的话，因该项目内容涉及不同类别，在填报项目文本时，务必要按照不同类别项目的填报要求填写完整。

二是只有联系紧密、却有必要打包的项目才可以作为一个项目申报。如水暖电气改造不可以与科研仪器设备购置、研制打包在一起。

7. 每年申报预算时，对各项目单位申报的预算项目总数量、单个项目申报金额、所有项目申报总金额有要求吗?

没要求。但要做实做细项目，结合实际，量力而行。主要考虑：

一是专项资金总规模基本保持稳定，申报更多项目并不代表一定会有更多财政资金支持，易造成大量项目闲置，反而给单位增加负担。

二是在规定的预算时间内，编制过多预算，易降低编报质量，进而增加预算审减率。过高的预算审减率最终可能会压减部门整体预算。

8. 实验室、仪器设备的维修、运行可否申请专项资金支持?

运行维护费用不在本专项资金支持范围内。

9. 预算系统具体填报要求——项目基本信息?

一级项目：科研机构改善科研条件专项

科目代码：2060503

二级项目类别：专项业务费项目

是否横向标识：是

10. 预算系统具体填报要求——其他?

相关要求材料另附。

2. 财政部　科技部关于印发《中央级新购大型科研仪器设备查重评议管理办法》的通知

财科教〔2019〕1 号

各有关部门（单位）：

为规范中央级新购大型科研仪器设备查重评议工作，减少重复浪费，促进资源共享，提高财政资金的使用效益，依据《国务院关于国家重大科研基础设施和大型科研仪器向社会开放的意见》（国发〔2014〕70 号）等规定，财政部会同科技部研究制定了《中央级新购大型科研仪器设备查重评议管理办法》，现印发你们，请遵照执行。

附件：中央级新购大型科研仪器设备查重评议管理办法

财政部　科技部

2019 年 1 月 8 日

中央级新购大型科研仪器设备查重评议管理办法

第一条 为规范中央级新购大型科研仪器设备查重评议工作，减少重复浪费，促进资源共享，提高财政资金的使用效益，依据《国务院关于国家重大科研基础设施和大型科研仪器向社会开放的意见》（国发〔2014〕70 号）等规定，对中央和地方所属高等院校、科研院所及其他科研机构利用中央财政资金申请购置大型科研仪器设备实施查重评议，特制定本办法。

第二条 本办法所称“大型科研仪器设备”是指利用中央财政资金购置的单台（套）价格在 200 万元人民币及以上，用于科学研究、技术开发及其他科技活动的科研仪器设备。

“查重评议”是指有关单位申请购置大型科研仪器设备预算时，提请负责审核批复仪器设备购置事项预算的部门或单位（以下简称组织查重部门）按本办法规定对新购大型科研仪器设备的学科相关性、必要性、合理性等进行评议，从源头上避免仪器设备重复购置，提高利用效率。

第三条 有关单位申请购置大型科研仪器经费预算时，需提请组织查重部门进行查重评议并提交购置申请报告。购置申请报告主要内容包括：拟购仪器设备基本情况、购置的必要性以及本单位同类仪器设备保有和运行开放情况等（概要模版附后）。

第四条 组织查重部门是查重评议工作的责任主体，负责自行组织或委托第三方机构利用重大科研基础设施和大型科研仪器国家网络管理平台中仪器设备数据和相关信息开展，并将查重评议结果作为批准新购大型科研仪器设备事项的重要依据。

组织查重部门要改进服务和管理，统筹做好与项目评审、预算审核等工作的衔接。

第五条 查重评议的主要内容包括：

（一）申购单位相关学科发展和承担科研任务需要购置仪器设备的必要性。

（二）申购单位及所在地区（一般指所在的直辖市、省会城市或地级市，下同）同类仪器设备的保有情况（包括分布情况、共享情况、利用情况及年平均有效机时）。

（三）申购仪器设备功能及相关技术指标的先进性、适用性、合理性。

（四）申购单位实验队伍支撑情况。

（五）申购单位物理条件（安置地点、水电环境等）支撑情况。

第六条 查重评议的原则包括：符合下列条件之一的建议购置：

（一）申购单位及所在地区无同类仪器设备或有同类仪器设备但其功能无法满足当前研究需要。

（二）申购单位及所在地区虽有同类设备但机时饱满（原则上年平均机时达 1200 小时以上），无法满足当前研究需要。

（三）申购单位及所在地区虽有同类仪器设备，但由于实验性质和条件所限不适合共享。

（四）申购仪器设备为在线仪器设备或对已有设备的配套和升级改造等。

具有下述情况之一的不建议购置：

（一）申购单位及本地区现存同类仪器设备较多且功能可以满足当前研究需要，可以通过共享支撑当前研究（一般按照现有共享仪器设备利用机时不足 1200 小时来判断）。

（二）申购仪器设备与本项目的研究方向不符。

（三）对申购仪器设备刻意拆分、打包或未使用规范名称。

（四）申购单位缺乏合适的专职 / 兼职实验管理人员、仪器设备操作人员。

第七条 组织查重部门自行开展查重评议的，要根据本办法制定具体的操作办法；采取委托第三方评议机构开展的，应要求第三方评议机构根据本办法制定具体的操作办法，充分利用信息化手段，遴选符合条件的专家，公平、公正、高效地开展评议工作。

第八条 组织查重部门应将查重评议的结果，及时反馈有关单位。

第九条 有关单位对查重评议结果有异议的，应提请组织查重部门进行研究并提出处理意见。

第十条 财政部会同科技部等负责查重评议制度设计，推进完善国家网络平台管理，对组织查重部门、第三方评议机构等开展查重评议情况进行监督指导。

第十一条 对有关单位提交虚假材料申购仪器设备等行为、组织查重部门未按规定开展查重评议等行为，以及第三方评议机构徇私舞弊等行为，财政部将会同有关部门，采取扣减仪器设备购置预算、计入法人单位科研严重失信行为记录等方式，予以惩戒。

第十二条 为应对应急突发事件需购置大型科研仪器设备的，可不进行查重评议。涉及国防领域的大型科研仪器设备购置，不适用本办法。购置单台（套）价格在 200 万元人民币以下的，有关单位要合理统筹利用仪器设备资源，减少重复购买，提高资源和资金利用效率。

第十三条 本办法由财政部负责解释。

第十四条 本办法自 2019 年 1 月 1 日起施行，《中央级新购大型科学仪器设备联合评议工作管理办法 (试行)》（财教〔2004〕33 号）同时废止。

附：大型科研仪器设备购置申请报告（概要模版）

大型科研仪器设备购置申请报告

（概要模板）

一、科研仪器设备基本信息。主要包括：名称、型号、功能、产地国别、数量、单价、经费预算和来源、采购方式以及供货来源等。

二、科研仪器设备购置必要性。主要包括：该仪器设备适用的科研领域和对当前科研工作的作用。

三、本单位现有同类大型科研仪器设备使用管理情况。主要包括：本单位现有同类仪器设备的购置年代、型号、原值、使用情况（含年平均有效机时、开放共享、平均报废时间等）以及本单位科研仪器设备运维保障情况等。

四、本单位现有实验队伍支撑情况。主要包括：本单位配备专职 / 兼职实验管理人员和仪器设备操作人员的总人数、资质状况、日平均有效工作时长、培训学习情况等。

五、开放共享方案。主要包括：本单位对于拟购置大型科研仪器设备开放共享的有关安排。

3. 科技部 发展改革委 财政部关于印发《国家重大科研基础设施和大型科研仪器开放共享管理办法》的通知

国科发基〔2017〕289 号

各省、自治区、直辖市及计划单列市科技厅（委、局）、财政厅（局），新疆生产建设兵团科技局、财务局，国务院有关部委、有关直属机构，有关单位：

为落实《国务院关于国家重大科研基础设施和大型科研仪器向社会开放的意见》（国发〔2014〕70 号），推动国家重大科研基础设施和大型科研仪器的开放共享，科技部、发展改革委、财政部三部门共同研究制定了《国家重大科研基础设施和大型科研仪器开放共享管理办法》。现印发你们，请遵照执行。

科技部 发展改革委 财政部

2017 年 9 月 20 日

国家重大科研基础设施和大型科研仪器开放共享管理办法

第一章　总　　则

第一条　为推动国家重大科研基础设施和大型科研仪器的开放共享，充分释放服务潜能，提高使用效率，根据《中华人民共和国科学技术进步法》、《国务院关于国家重大科研基础设施和大型科研仪器向社会开放的意见》(国发〔2014〕70号)，制定本办法。

第二条　本办法所指的国家重大科研基础设施和大型科研仪器（以下简称科研设施与仪器）主要包括政府预算资金投入建设和购置的用于科学研究和技术开发活动的各类重大科研基础设施和单台套价值在50万元及以上的科学仪器设备。

对于单台套价值在50万元以下的科学仪器设备，由管理单位自愿申报，主管部门择优纳入国家网络管理平台。

第三条　本办法所称管理单位是指科研设施与仪器所依托管理的法人单位。本办法适用于中央级研究开发机构、高等院校以及其他机构。

第四条　本规定所称的开放共享，是指管理单位将科研设施与仪器向社会开放，由其他单位、个人用于科学研究和技术开发的行为。

第五条　科研设施与仪器原则上都应当对社会开放共享，为其他高校、科研院所、企业、社会研发组织以及个人等社会用户提供服务，尤其要为创新创业、中小微企业发展提供支撑保障。法律法规另有特殊规定的除外。

第六条　免税进口仪器设备纳入国家网络管理平台对外开放，应符合国家的有关规定。对于纳入国家网络管理平台统一管理、符合支持科技创新进口税收政策规定的免税进口的科学仪器设备，在符合监管的条件下准予用于其他单位的科学研究、科技开发和教学活动，未经海关审核同意不得擅自转让、移作他用或者进行其他处置。

第二章　管　理　职　责

第七条　科技部牵头负责科研设施与仪器开放共享的宏观管理与综合协调，其主要职责是：

（1）按国务院要求协调、推动和监督科研设施与仪器开放共享工作；

（2）研究制定科研设施与仪器开放共享的政策措施和标准规范；

（3）会同有关部门建立和管理科研设施与仪器国家网络管理平台，指导管理单位建立在线服务平台；

（4）会同有关部门建立考核评价制度，组织开展科研设施与仪器开放共享评价考核工作。

第八条　财政部协同推动科研设施与仪器的开放共享工作，主要职责是：

（1）会同有关部门开展科研设施与仪器开放共享的评价考核工作；

（2）依据评价考核结果对科研设施与仪器开放效果好、用户评价高的管理单位通过后补助机制予以支持；

（3）会同有关部门，根据评价考核结果，推动科研设施与仪器优化配置。

第九条　国务院有关部门（以下简称主管部门）在推动科研设施与仪器开放共享的主要职责是：

（1）建立健全本部门科研设施与仪器开放共享的政策和规章制度，鼓励直属研究机构、高等院校及其他单位分享仪器设备、实验平台等创新资源；

（2）审核所属管理单位报送至国家网络管理平台的科研设施与仪器相关信息，监督指导本部门所属管理单位的开放共享工作；

（3）组织开展本部门所属管理单位开放共享的评价考核。按照国家开放共享评价考核工作的要求，组织做好相关工作。

第十条　管理单位是科研设施与仪器开放共享的责任主体，主要职责是：

（1）落实国家有关政策要求，制定本单位科研设施与仪器开放共享规章制度；

（2）建立健全科研设施与仪器开放共享的激励和约束机制；

（3）建设科研设施与仪器开放共享在线服务平台；

（4）加强实验技术人才队伍建设；

（5）配合有关部门做好开放共享评价考核工作，并接受社会监督。

第三章 开 放 共 享

第十一条 管理单位应当自科研设施与仪器完成安装使用验收之日起 30 个工作日内，将符合开放条件的科研设施与仪器的有关信息按照统一标准及要求报送至国家网络管理平台。报送采取网络上传方式，需经上级行政主管部门审核。

第十二条 管理单位应按照统一的标准规范建立在线服务平台，把科研设施与仪器纳入国家网络管理平台统一管理，公布科研设施与仪器目录、开放共享管理制度、服务方式、服务内容、服务流程、收费标准等信息，实时提供在线服务。

科研设施与仪器不纳入国家网络管理平台应有正当理由，由管理单位提出申请，经主管部门审核同意后，报科技部备案。

第十三条 管理单位提供开放共享服务，应当与用户订立合同，约定服务内容、知识产权归属、保密要求、损害赔偿、违约责任、争议处理等事项。

第十四条 管理单位提供开放共享服务可按照成本补偿和非盈利原则收取费用，开放服务收费标准应采取适当方式向社会公布。行政事业单位相关收入按国有资产有偿使用收入有关规定执行。

第十五条 管理单位要建立完善的科研设施与仪器运行和开放情况记录，每季度向国家网络管理平台报送一次。报送方式和流程参照第十一条规定办理。

第十六条 管理单位应建立和稳定高水平专业化的实验技术队伍，在岗位设置、业务培训、薪酬待遇、职称晋升和评价考核等方面实行富有激励性的政策措施。

第十七条 管理单位应当建立知识产权管理工作机制，保护科研设施与仪器用户身份信息及在使用过程中形成的知识产权和科学数据。

用户独立开展科学实验形成的知识产权由用户自主拥有；用户与管理单位联合开展科学实验形成的知识产权，双方应事先约定知识产权归属或比例。

用户使用科研设施与仪器形成的著作、论文等发表时，应明确标注利用科研设施与仪器情况。

第四章 考 核 和 奖 惩

第十八条 科技部会同相关部门按照分类、分级、分步的原则，制定考核标准和办法，组织实施科研设施与仪器开放共享评价考核工作，在国家网络管理平台上公布考核结果。

第十九条 评价考核应按照科研设施与仪器不同类型特点制定相应的考核指标，实施分类考核。国家重大科技基础设施的考核要符合《国家重大科技基础设施管理办法》的有关规定。

第二十条 评价考核采取试点先行、分步实施的方式组织开展。选择科研仪器多、大型仪器集中、开放共享需求大的管理单位先行考核，在取得经验的基础上逐步推开。

第二十一条 财政部会同有关部门，根据评价考核结果和财政预算管理的要求，对开放服务效果好、用户评价高的管理单位，安排后补助经费予以支持，调动管理单位开放共享积极性。

考核结果应作为科研设施与仪器建设和配置的依据。有关部门要结合考核结果和仪器设备资产存量情况，对拟新建设施和新购置仪器开展查重评议工作，避免资源重复建设。

第二十二条 利用政府预算资金购置大型科学仪器、设备后，不履行大型科学仪器、设备等科学技术资源共享使用义务的，由有关主管部门责令改正，对直接负责的主管人员和其他直接责任人员依法给予处分。

第二十三条 对于使用效率低、开放效果差、考核结果较差的管理单位，科技部会同有关部门将给予警告、公开通报并责令其限期整改；并视情节采取核减管理单位修缮购置资金、在申报科技计划（专项、基金）项目时不准购置仪器设备等措施予以约束。

对于通用性强但使用率比较低、开放共享差的科研设施与仪器，可以按规定在部门内或跨部门无偿划拨，管理单位也可以在单位内部调配。

第五章 附 则

第二十四条 本办法由科技部负责解释。

第二十五条 有关部门按照本办法结合实际制定或修订相关管理规定和实施细则。地方可参照本办法执行。

第二十六条 本办法自公布之日起施行。

4. 水利部关于印发《水利部中央级预算项目验收管理办法》的通知

财科教〔2019〕1号

部机关各司局，部直属各单位：

为进一步规范和加强水利部中央级预算项目验收管理，促进预算项目验收工作制度化、程序化、规范化，根据财政部相关要求，我部对《水利部中央级预算项目验收管理暂行办法》（水财务〔2012〕166号）进行了修订。现予以印发，请遵照执行。

水利部

2020年11月19日

水利部中央级预算项目验收管理办法

第一章　总　　则

第一条　为规范和加强水利部中央级预算项目验收管理，促进预算项目验收工作制度化、程序化、规范化，根据财政部《中央本级项目支出预算管理办法》和《财政部关于加强和改进中央部门项目支出预算管理的意见》等有关规定，结合预算项目验收工作实际，制定本办法。

第二条　水利部及所属预算单位（以下简称预算单位）中央级预算项目验收适用本办法。

发展改革委、科技部等部委有相关项目验收管理规定的，验收工作从其规定。

第三条　本办法所称中央级预算项目，是指由中央财政行政事业经费安排、用于完成特定的水利行政工作任务或事业发展目标，纳入部门预算管理的行政事业类二级预算项目。

按照财政部规定及项目的重要性，中央级预算项目分为重大改革发展项目、专项业务费项目和其他项目三类。

第四条　项目验收是指项目实施完成后，水利部及预算单位以项目预算等为依据，按照规定程序对项目的组织与实施、资金使用与管理、完成内容与成果等进行综合评价，并出具验收结论的管理工作。

第五条　项目验收分为自验和终验。

自验是指预算单位对本单位实施完成的项目进行的验收。

终验是指水利部及预算单位按照项目验收权限，对下级预算单位已自验项目开展的最终验收。

在本单位验收权限内，预算单位对项目进行的自验即为终验。

第六条　项目验收坚持“统一管理、分级实施，权责明确、程序规范”的原则，保障验收工作的科学、规范、有效。各单位可结合实际，将项目验收和项目绩效自评等工作相结合，提高工作效率。

第七条 涉密项目的验收，按照国家保密管理有关规定组织开展。

第二章 验收职责与权限

第八条 水利部负责项目验收工作的统一管理，主要职责包括：

（一）研究制定项目验收管理制度办法；

（二）研究制定水利部项目验收工作年度计划（以下简称验收计划）；

（三）组织开展验收权限范围内的项目验收工作；

（四）指导监督预算单位项目验收工作。

第九条 预算单位负责本单位项目验收工作，并接受上级单位指导监督，主要职责包括：

（一）研究制定本单位项目验收计划；

（二）负责按照验收权限组织对项目进行自验或终验；

（三）负责指导监督所属预算单位的项目验收工作；

（四）负责项目验收发现问题的整改工作；

（五）负责向上级单位报送项目验收管理工作总结；

（六）配合上级单位对本单位的项目验收和指导监督工作。

第十条 水利部及预算单位财务部门牵头负责验收工作的组织管理，并负责验收工作中的财务部分，主要职责包括：

（一）牵头组织编制项目验收计划；

（二）牵头组织开展本单位项目的自验及下级预算单位项目的终验工作；

（三）牵头组织对项目预算编制及执行、财务管理及会计核算、资产管理、政府采购管理等进行审查；

（四）协助对项目组织实施、工作内容、合同管理、项目成果质量及实施效果等进行审查；

（五）负责组织开展验收中发现财务问题的整改；

（六）组织编写本单位项目验收管理工作总结及验收申请；

（七）配合业务部门编写项目执行情况总结。

第十一条 水利部及预算单位负责项目组织实施管理的业务部门配合财务部门开展验收工作，并负责验收工作中的业务部分，主要职责包括：

（一）配合开展本单位项目自验及下级预算单位项目终验工作；

（二）牵头组织对项目组织实施、工作内容、合同管理、项目成果质量及实施效果、项目档案（资料）管理等进行审查；

（三）协助对项目预算编制及执行、资产管理、政府采购管理等方面的审查；

（四）负责组织开展验收中发现业务问题的整改；

（五）负责组织编写项目执行情况总结，协助编报本单位项目验收申请。

第十二条　水利部及预算单位的验收权限，按以下方式确定：

重大改革发展项目由水利部实施终验；专项业务费项目和其他项目中，水利部统一编制实施方案的由水利部实施终验；其余项目由预算单位组织终验。

水利部统一编制实施方案的项目，是指由水利部有关司局牵头或委托具体预算单位牵头统一编制并印发实施方案的项目。

二级预算单位应根据项目重要性、预算规模等因素明确验收权限，各级预算单位根据验收权限制定项目验收计划，组织开展验收工作。

第三章　验　收　组　织

第十三条　水利部组织验收的项目，验收工作由水利部财务司负责组织，会同相关业务司局共同开展。

水利部预算执行中心受水利部财务司委托，承担项目验收的具体组织工作。

第十四条　预算单位组织验收的项目,验收工作由预算单位财务部门负责组织，会同相关业务部门共同开展。

预算单位可根据工作需要，委托有项目验收工作能力与条件的机构承担项目验收的相关具体工作。

第十五条　项目验收应成立验收组。对具有重大影响、业务内容复杂、预算金额较大的项目，水利部和预算单位可根据本办法制定项目验收的具体实施细则，成立专门的验收委员会进行验收；验收委员会可下设业务专业验收组和财务专业验收组。

第十六条　项目验收组（验收委员会）实行组长（委员会主任）负责制。成员由业务专家和财务专家组成，人数为奇数，一般不得少于 5 人。

第十七条　验收专家应同时具备以下条件：

（一）具有良好的政治素质和职业道德，工作责任心强，能够客观、公正地提出验收意见；

（二）熟悉项目相关专业领域知识和预算管理制度规定，具备较扎实的专业基础和较丰富的实践经验；

（三）原则上应具备高级专业技术职称或处级及以上职务，基层预算单位可以适当放宽条件。

第十八条 项目验收实行回避制度，项目单位参加项目具体实施的工作人员以及与项目有利益关系且可能影响验收结论公正性的人员不得作为验收组成员。

第四章 验收程序与内容

第十九条 项目整体实施完毕，并达到如下条件，方可组织验收：

（一）项目工作内容已全部完成；

（二）已完成对外委托合同的验收；

（三）项目验收需提交的文件及备查资料等已准备完备；

（四）项目目标、主要工作内容等重要内容的变更已获得有审批权的部门、单位批准或备案；

（五）按国家有关规定须进行专业验收或技术鉴定的，应提交有关专业验收或技术鉴定报告；

（六）项目文件材料及成果收集、整理和归档工作已完成，并符合档案完整、准确、规范、系统性的要求；

（七）对于重要的、金额大的项目，应开展验收前审计并完成整改。

第二十条 预算单位应在每年3月底前下发验收计划，并报上级单位备案。预算单位在项目实施完成后，应及时开展项目验收（含自验）。需要上级单位组织验收的，项目实施完成后3个月内，应将项目成果资料等整理完毕，提前做好验收准备，并按项目验收权限逐级向上级单位提出验收申请。

第二十一条 如确有特殊原因不能按期申请验收的项目，预算单位应逐级汇总，向组织验收的预算单位（以下简称验收单位）上报延期验收申请，详细说明原因并明确验收时间。延期时间原则上不得超过3个月。

第二十二条 预算单位应从接到验收单位项目验收通知10个工作日内做好验

收准备工作。验收时应如实提供以下文件资料：

（一）项目申报文本、预算批复、预算调整文件等；

（二）项目执行情况总结（详见附件 1）、完成成果清单资料；

（三）单位项目财务管理制度办法、项目财务会计账表、项目决算表（详见附件 2）；

（四）项目合同执行情况表（详见附件 3）、对外委托合同及验收情况说明等；

（五）政府采购执行相关资料；

（六）项目固定资产、无形资产购置情况表（详见附件 4）；

（七）财政、审计和上级主管部门等监督、检查、审计的报告及整改结果报告；

（八）其他归档文件材料及验收组要求提供的其他资料。

第二十三条　项目验收可采取会议审查和现场审查相结合的方式开展，验收程序主要包括：

（一）验收单位主持召开验收会议，宣布成立验收组；

（二）验收组听取预算单位项目实施情况的汇报；

（三）验收组对项目实施情况进行质询；

（四）验收组审阅验收文件资料，必要时可进行现场核查，逐项核实有关验收内容及相关结果；

（五）验收组根据验收专家提出的审查意见（详见附件 5），对项目执行情况进行总体评议，提出验收意见，形成验收报告（详见附件 6）。

第二十四条　项目验收主要审查以下内容：

（一）项目承担单位或部门的职责是否明确，项目负责人是否落实；

（二）项目是否按预算实施完成，成果是否提交；

（三）项目实施成果是否达到预期目标；

（四）项目管理制度是否建立健全，项目经费使用是否合法合规；

（五）政府采购是否符合规定；

（六）合同执行是否符合合同约定并已组织验收；

（七）项目实施形成的资产是否及时验收、登记、入账；

（八）项目管理和实施中的文件材料及成果是否已按档案管理要求完成收集、整理和归档；

（九）财政、审计和上级主管部门等监督、检查、审计发现问题是否已经整改到位；

（十）其他需审查事项。

第二十五条 验收工作结束后，验收单位应在1个月内向被验收单位出具正式的书面验收结论。

第二十六条 水利部统一编制实施方案的项目，每年由各预算单位编报项目执行情况总结，水利部根据项目实施情况进行抽查，待项目全部完成后，在二级预算单位自验的基础上，由水利部组织开展终验。

第二十七条 已实施完成的项目，符合以下条件之一的，可简化验收程序：

（一）每年业务工作内容相对固定、支出预算变动不大的专项业务费项目，可以3年为一个验收周期，在一个验收周期内至少验收一次；一个验收周期内未安排开展项目验收的年度，可以编报项目执行情况总结代替验收。支出预算变动不大，是指年度支出预算比上年调整幅度不超过40%。

（二）预算单位项目预算金额50万元（含）以下项目，可以编报项目执行情况总结代替验收。5万元（含）以下的外委合同可以成果报告等替代对外委合同的验收。

第二十八条 项目验收单位和验收组成员应遵守保密的相关规定。

第五章 验 收 结 论

第二十九条 项目验收结论分为“通过验收”“整改后通过验收”和“不通过验收”。

第三十条 被验收项目存在下列情况之一的，不予通过验收：

（一）不能完成预定工作目标、任务和指标的；

（二）擅自对项目工作目标、工作内容等进行重大调整且无法进行整改的；

（三）项目实施中存在重大违规违纪问题的；

（四）项目工作成果、质量存有严重缺陷的；

（五）提供虚假验收资料的；

（六）验收组认为不能通过验收的其他情况。

第三十一条 被验收项目存在下列情况之一的，应责令整改：

（一）项目验收资料不全，验收组无法开展验收工作的；

（二）项目工作成果、质量未达到预期要求的；

（三）财政、审计和上级主管部门等监督、检查、审计发现问题未整改到位的；

（四）验收组认为应整改后验收的其他情况。

第三十二条 需要整改的项目，预算单位应按照要求在1个月内完成整改，再向验收单位申请验收。

第三十三条 项目验收结论应作为项目支出预算安排的重要依据，可作为项目绩效评价的重要参考。

第三十四条 预算单位无正当理由未完成项目验收工作，或存在预算项目未通过验收情况的，原则上两年内暂停受理该预算单位新增项目预算申请。

第六章 验收监督检查与责任追究

第三十五条 水利部及预算单位根据工作需要，对下级预算单位验收工作进行监督检查，主要检查验收工作的规范性、验收结论的准确性和验收资料的完整性。

第三十六条 水利部及预算单位可通过“四不两直”方式开展项目验收工作监督检查。

“四不两直”是指对被检查对象不发通知、不打招呼、不用陪同接待、不听汇报，直奔基层、直赴现场，对项目验收工作进行监督检查。

第三十七条 预算单位应于每年10月底前完成当年的验收计划，上报验收管理工作总结。

第三十八条 水利部及预算单位根据监督检查发现问题类型、严重程度等，直接或责成下级预算单位对有关责任单位和责任人实施责任追究。

责任单位是指对监督检查中发现的问题负有管理职责的单位。责任人是指对监督检查中发现的问题负有责任的单位负责人、分管领导和直接责任人员。

第三十九条 对责任单位和责任人的责任追究方式分为：口头批评、约谈、通报批评以及其他相关制度办法规定的责任追究。

项目验收工作监督检查发现问题责任追究方式见附件7。

第四十条 项目验收及监督检查中发现预算单位及个人存在财政违法行为线索的，可提交有关部门、单位依据《中华人民共和国预算法》和《财政违法行为处罚处分条例》等有关法律法规追究相应责任。

第七章　附　　则

第四十一条　预算单位可根据本办法制定项目验收管理的实施细则。

第四十二条　本办法由水利部负责解释。

第四十三条　本办法自印发之日起施行。《水利部中央级预算项目验收管理暂行办法》（水财务〔2012〕166 号）、《关于进一步加强中央级预算项目验收管理工作的通知》（水财务〔2012〕400 号）和《水利部财务司关于切实做好中央级预算项目验收管理工作的通知》（财务财〔2015〕1 号）同时废止。

附件：1. 项目执行情况总结

2.____________项目决算表

3.____________项目合同执行情况表

4.____________项目固定资产、无形资产购置情况表

5. 项目验收专家工作底稿

6. 水利部中央级预算项目验收报告

7. 项目验收工作监督检查发现问题责任追究方式

附件1

项目执行情况总结

一级项目名称：________________________

二级项目名称：________________________

项目负责人：________________________

项目单位（盖章）：________________________

编制日期：　　　年　　月　　日

主 要 内 容

一、项目概况

主要反映项目年度经费安排、主要业务工作内容及预期目标等。

二、 项目组织实施情况

主要反映项目单位及负责人的任务和责任、项目单位为项目实施建立相关制度、项目质量管理体系等内容。

三、工作内容完成及进度情况

主要反映项目工作内容完成情况及工作进度等内容。

四、合同管理情况

主要反映项目执行中合同签订及执行情况、合同文本规范性、合同验收管理情况、工作质量和成果与合同规定匹配程度等内容。

五、项目成果质量及实施效果情况

主要反映项目成果资料、成果质量标准、实施效果等内容。

六、 预算编制及执行情况

主要反映项目预算编制、批复及调整、项目实际支出等内容。

七、财务管理及会计核算情况

主要反映与项目相关的财务制度建立、项目经费使用、合同款支付及会计核算等内容。

八、资产管理情况

主要反映项目资产购置、验收、登记、入账等内容。

九、政府采购管理情况

主要反映项目政府采购方式、程序、执行等内容。

十、项目档案管理情况

主要反映项目文件材料及成果的收集、整理和归档等内容。

附件 2

________项目决算表

单位：万元

类别	科目	预算数	预算调整数	调整后预算数	实际支出数	差异	差异比例
资金来源	合 计						
	财政性资金						
	其他资金						
支出明细	合 计						
	办公费						
	印刷费						
	其他交通费						
	差旅费						
	邮电费						
	维修（护）费						
	会议费						
	委托业务费						
	其他商品和服务支出						
结转（结余）		—	—	—		—	—

填报表人：

填表说明：1. 金额一律保留两位小数。
2. 支出明细根据项目实际填报，可增加，未使用科目请删除。
3. 预算调整额，增加数以正数填列，减少数以负数填列。
4. 差异额 = 实际支出数 − 调整后预算数。
5. 差异比例 = 差异额 / 调整后预算数 ×100%。

附件 3

________项目合同执行情况表

单位：万元

序号	合同名称	承担单位	合同金额	实际支付金额	是否完成合同验收
一	委托业务费合同				
1					
2					
…					
二	其他合同				
1					
2					
…					
	合　计				

填表人：

填表说明：1. 委托业务费合同按项目预算申报文本及项目实施情况填写。
2. 其他合同填写本项目除委托业务费合同以外的合同。

附件4

__________项目固定资产、无形资产购置情况表

单位：万元

序号	名称	预算情况			实际执行情况				是否政府采购	政府采购方式	是否登记入账
		单位	数量	金额	型号	单位	数量	金额			
合　　计											
一	固定资产										
(一)	通用设备										
1											
2											
…											
(二)	专用设备										
1											
2											
…											
(三)	…										
二	无形资产										
1											
2											
…	…										

填表人：

填写说明：1. 固定资产名称按水利固定资产分类标准填写通用设备、专用设备等。
2. 政府采购方式填写批量集中采购、协议供货、公开招标、邀请招标、竞争性谈判、单一来源采购、询价等。

附件 5

________项目验收业务专家工作底稿

审查指标	审 查 内 容	专家审查意见
项目组织实施情况	1. 项目单位及负责人的任务和责任是否明确、落实； 2. 项目单位是否为项目实施建立相关制度、采取相关措施； 3. 项目质量管理体系是否完整	
工作内容完成及进度情况	1. 项目工作内容是否按项目申报文本完成； 2. 项目工作进度是否与项目中报文本工作计划相符	
合同管理情况	1. 项目合同文本是否规范； 2. 受托单位的资格及相关性； 3. 项目合同是否与项目预算相符； 4. 项目合同是否经过验收； 5. 工作质量和成果是否符合合同规定	
项目成果质量及实施效果	1. 项目成果资料是否齐全； 2. 项目成果质量是否达到项目申报文本要求 ； 3. 项目成果质量是否达到相关标准； 4. 项目实施效果是否达到预期	
项目档案（资料）管理情况	1. 项目档案（资料）管理是否完整、准确； 2. 项目档案（资料）管理是否符合归档、系统性要求	
（一）总体评价 （二）需要整改的问题		

专家签名：

________项目验收财务专家工作底稿

审查指标	审 查 内 容	专家审查意见
预算编制及执行情况	1. 项目预算编制、批复及调整是否按照规定程序和权限进行，文件资料是否完备齐全； 2. 项目实际支出是否按照预算执行	
财务管理及会计核算情况	1. 与项目相关的预算管理、资金管理、合同管理、政府采购、资产管理等内部控制制度是否建立健全； 2. 项目经费使用是否符合有关财经纪律，是否按规定的支出范围和标准开支； 3. 合同款支付是否符合合同约定； 4. 项目经费会计核算是否规范、准确、完整	
资产管理情况	1. 项目资产购置是否符合新增资产配置相关规定，是否与预算批复一致； 2. 项目购置的固定资产和无形资产等是否及时验收、登记、入账	
政府采购管理情况	1. 项目政府采购方式选择是否合规； 2. 项目政府采购程序是否合规； 3. 政府采购是否按照预算执行	
(一) 总体评价 (二) 需要整改的问题		

专家签名：

附件6

水利部中央级预算项目
验收报告

项　目　单　位：________________

一级项目名称：________________

二级项目名称：________________

验　收　单　位：________________

验　收　时　间：________________

<table>
<tr><td colspan="5">一、项目基本情况</td></tr>
<tr><td>项目负责人</td><td colspan="2"></td><td>职务</td><td></td></tr>
<tr><td>项目类型</td><td colspan="2">1 重大改革项目 □
2 专项业务费项目 □
3 其他项目 □</td><td>项目编码</td><td></td></tr>
<tr><td>项目密级</td><td colspan="4">绝密 □　机密 □　秘密 □　无密级 □</td></tr>
<tr><td>项目期</td><td>开始时间</td><td>20　年　月</td><td>截止时间</td><td>20　年　月</td></tr>
<tr><td rowspan="2">项目经费
/ 万元</td><td colspan="2">预算金额</td><td colspan="2">实际支出金额</td></tr>
<tr><td colspan="2"></td><td colspan="2"></td></tr>
<tr><td colspan="5">二、项目组织实施情况审查</td></tr>
<tr><td colspan="5"></td></tr>
<tr><td colspan="5">三、项目工作内容完成及进度情况审查</td></tr>
<tr><td colspan="5"></td></tr>
<tr><td colspan="5">四、合同管理情况审查</td></tr>
<tr><td colspan="5"></td></tr>
<tr><td colspan="5">五、项目成果质量及实施效果审查</td></tr>
<tr><td colspan="5"></td></tr>
<tr><td colspan="5">六、预算编制及执行情况审查</td></tr>
<tr><td colspan="5"></td></tr>
<tr><td colspan="5">七、财务管理及会计核算情况审查</td></tr>
<tr><td colspan="5"></td></tr>
<tr><td colspan="5">八、资产管理情况审查</td></tr>
<tr><td colspan="5"></td></tr>
<tr><td colspan="5">九、政府采购管理情况审查</td></tr>
<tr><td colspan="5"></td></tr>
<tr><td colspan="5">十、项目档案（资料）管理情况审查</td></tr>
<tr><td colspan="5"></td></tr>
</table>

续表

十一、验收意见				
十二、验收组成员				
姓名	专业	职务 / 职称	单位	签字
验收组组长（签字）： 年 月 日				

附件 7

项目验收工作监督检查发现问题责任追究方式

序号	监督检查内容	问题类型	问题等级			责任追究方式
			一般	较重	严重	
1	验收工作规范性方面	未按职责权限开展验收工作的		√		要求限期整改，并采取约谈、通报批评等方式
2		验收工作组织开展未按规定成立验收组或验收委员会的	√			采取口头批评方式
3		聘请的验收专家不符合规定条件的	√			采取口头批评方式
4		验收组成员未实行回避制度的	√			采取口头批评方式
5		项目尚未整体实施完毕就组织验收，并出具通过验收结论的		√		要求限期整改，并采取约谈、通报批评等方式
6		无正当理由未及时下发验收计划的	√			要求限期整改，并采取口头批评、约谈等方式
7		未按照规定的验收程序开展验收的		√		采取约谈、通报批评等方式
8		不符合简化验收程序的项目擅自采取简化验收程序的		√		要求限期整改，并采取约谈、通报批评等方式
9	验收结论准确性方面	存在《办法》第三十条中明确规定不予通过验收的情况出具通过验收结论的			√	要求限期整改，并采取通报批评等方式
10		存在《办法》第三十一条需要整改的事项未落实整改出具通过验收结论的		√		要求限期整改，并采取约谈、通报批评等方式
11		对无正当理由未在期限内完成整改落实的项目通过验收的	√			要求限期整改，并采取口头批评、约谈等方式
12	验收资料完整性方面	验收文件资料不完整、不齐全的		√		要求限期整改，并采取约谈、通报批评等方式
13		验收文件资料弄虚作假的			√	要求限期整改，情节较轻的采取通报批评等方式；情节较重的采取其他相关制度办法规定的责任追究方式

5. 水利部财务司关于印发《水利部重点二级项目预算绩效共性指标体系框架（2022 版）》的通知

财务预〔2022〕111 号

部机关各司局，部直属各单位：

为深入贯彻落实《中共中央 国务院关于全面实施预算绩效管理的意见》，根据《财政部关于印发中央部门项目支出核心绩效目标和指引设置及取值指引（试行）的通知》（财预〔2021〕101 号）等文件要求，结合水利工作实际，我们修订完善了《水利部重点二级项目预算绩效共性指标体系框架（2022 版）》（以下简称《体系框架（2022 版）》）。现印发给你们，请遵照执行。具体要求如下：

一、高度重视

各单位要精心组织，强化预算绩效共性指标体系应用。结合项目实际，以《体系框架(2022 版)》为依据填报 2023 年“二上”预算共性绩效指标，同时根据本单位的实际情况及时完善个性指标和指标值，指标设置应尽可能做到科学合理、量化可靠，以进一步提高填报质量，提升预算绩效管理水平。

二、规范应用

填报 2023 年部门预算，要根据实际选用《体系框架（2022 版）》内设置的共性指标，不得擅自改动共性指标内容。指标值为数字型的，只填写阿拉伯数字，不得填写其他文字或符号；指标值为文字型的，只填写体系框架指标值所列内容。

三、及时沟通

应用《体系框架（2022 版）》过程中，如有相关问题，请及时反馈。

联 系 人：李广大

联系电话：010-63203119

电子邮箱：yschu@mwr.gov.cn

附件：水利部重点二级项目预算绩效共性指标体系框架（2022 版）

水利部财务司

2022 年 12 月 14 日

附件

通用二级项目共性绩效目标表
（××××年度）

<table>
<tr><td>项目名称</td><td colspan="5">科研机构改善科研条件专项</td></tr>
<tr><td>主管部门及代码</td><td>**</td><td>实施单位</td><td colspan="3">**</td></tr>
<tr><td rowspan="4">项目资金（万元）</td><td>年度资金总额：</td><td colspan="3">**</td><td rowspan="4">执行率分值（10）</td></tr>
<tr><td>其中：财政拨款</td><td colspan="3">**</td></tr>
<tr><td>上年结转</td><td colspan="3">**</td></tr>
<tr><td>其他资金</td><td colspan="3">**</td></tr>
<tr><td>年度总体目标</td><td colspan="5">目标 1：恢复保障仪器设备的正常运行，提升水利科研和创新能力；
目标 2：提升技术水平，为大型水利工程的设计和建设提供技术支撑；
目标 3：改善试验基地科研人员工作条件，提升科研人员工作环境
……</td></tr>
<tr><td rowspan="13">绩效指标</td><td>一级指标</td><td>二级指标</td><td>三级指标</td><td>指标值</td><td>分值权重（90）</td></tr>
<tr><td rowspan="2">成本指标</td><td rowspan="2">经济成本指标</td><td>单台（套）价格在 200 万元人民币及以上仪器设备是否按中央级新购大型科研仪器设备查重评议</td><td>是</td><td rowspan="2">20</td></tr>
<tr><td>……</td><td></td></tr>
<tr><td rowspan="9">产出指标</td><td rowspan="9">数量指标</td><td>仪器设备购置（** 台）</td><td>**</td><td rowspan="9">40</td></tr>
<tr><td>仪器设备升级改造（** 台）</td><td>**</td></tr>
<tr><td>房屋修缮面积（** 平方米）</td><td>**</td></tr>
<tr><td>试验厅（室）维护（** 平方米）</td><td>**</td></tr>
<tr><td>基础设施改造（** 处）</td><td>**</td></tr>
<tr><td>给排水改造（** 米）</td><td>**</td></tr>
<tr><td>供电线路改造（** 米）</td><td>**</td></tr>
<tr><td>道路改造（** 米）</td><td>**</td></tr>
<tr><td>……</td><td></td></tr>
</table>

续表

绩效指标	产出指标	质量指标	试运行报告通过审查	通过	40
			保障仪器设备长期安全稳定运行（全年正常稳定运行≥ ** 天）	**	
			……		
	效益指标	经济效益指标	降低故障率、延长设施设备使用寿命	显著，设备故障时间≤ 10%	20
			降低科研成本	显著	
			……		
		社会效益指标	提升水利科研和创新能力	显著	
			改善科研人员工作环境	显著	
			提高设备利用率	投入使用后向社会开放共享	
			为解决国家重大问题或具体项目研究提供支撑	显著	
			……		
	满意度指标	服务对象满意度指标	科研人员满意度（≥ **%）	**	10
			……		

6. 中国水利水电科学研究院关于印发《中国水利水电科学研究院基本建设管理工作规定》（修订）的通知

水科平台〔2020〕4号

院属各单位：

为不断适应国家基本建设管理要求，进一步提升基本建设项目管理能力和水平，我院对《中国水利水电科学研究院基本建设管理工作规定》进行了重新修订。现印发给你们，请遵照执行。

附件：《中国水利水电科学研究院基本建设管理工作规定（修订）》

中国水利水电科学研究院

2020年12月4日

中国水利水电科学研究院基本建设管理工作规定（修订）

第一章 总 则

第一条 ［立规目的］为加强基本建设项目管理，进一步规范项目建设程序和行为，保障工程质量和安全，提高决策水平和投资效益，根据现行国家和上级有关部门对固定资产投资和基本建设项目管理的有关要求，结合院实际情况，制定本规定。

第二条 ［基本建设定义］本规定所称基本建设（以下简称基建），是指征地、办公及业务用房、配套设施等新建、改建、扩建项目，房屋公用设施设备的维修、基础设施改造、基建设备采购以及院交办的其他建设项目。

第三条 ［管理原则］基建项目管理实行分类管理、分级负责、责任到人、全程受控的原则。执行中若与国家和上级最新规定有矛盾，以国家和上级最新规定为准。

第四条 ［项目分类］基建项目按资金来源分为财政资金项目和自筹资金项目两类。本规定若无特别注明，自筹资金类项目参照财政资金类项目的规定执行。修缮购置（以下简称修购）项目中房屋修缮、基础设施改造两类获批项目招标与施工阶段参照本规定执行。基建设备采购项目在购置阶段按《中国水利水电科学研究院仪器设备管理实施细则》执行，验收阶段按《水利部直属单位基础设施建设项目验收管理办法》之附件 1“设备资产购置验收办法”执行。

第二章 管理机构及职责

第五条 ［基建领导小组组成］院基建与设备领导小组（以下简称基建领导小组）是全院基建管理工作议事机构。组长由分管基建的院领导担任，副组长由分管后勤保障的院领导以及条件平台处、爱德总公司主要负责人担任，成员由条件平台处、科研计划处、财资处、监审处、爱德总公司等相关部门负责人组成。基建领导小组下设办公室，办公室设在条件平台处，主任由条件平台处分管负责人担任。

第六条 ［基建领导小组职责］基建领导小组的主要职责为：组织制定、修订基建及项目管理工作制度；审议基建项目规划、计划、项目申报与立项等事宜；审议基建工程设计方案、施工方案和相关合同；指导、监督和协调基建项目执行，审批（审议）项目执行过程中重大变更、重大质量、安全问题及处理措施；主持基建项目竣工验收；承担院委托的其他相关基建工作。

第七条 ［条件平台处职责］条件平台处为院基建项目归口管理部门，承担基建领导小组办公室的日常工作。主要职责为：负责统筹组织基建项目规划、计划、预算、项目申报与立项等编报工作；开展基建项目施工前期手续办理；组织勘察设计（含招标）工作；参与基建项目合同审签；组织基建项目竣工验收；监督基建项目实施的全过程；落实基建领导小组有关决策。

第八条 ［财资处职责］财资处为院基建项目资金、资产归口管理部门。主要职责为：负责统筹安排基建项目资金，编报基建项目一上二上预算；参与基建项目合同审签，开展基建项目资金支付审核、会计核算，办理项目价款结算；牵头竣工财务决算、资产管理与核算、产权登记等相关工作。

第九条 ［监审处职责］监审处为院基建项目监察、审计归口管理部门。主要职责为：负责对基建项目实施单位的履职情况进行监督，参与基建项目合同审签，组织开展院内审计并配合相关单位开展外部审计工作，督促项目责任单位和相关部门落实审计整改意见。

第十条 ［项目责任单位及负责人职责］基建项目采取属地管理和项目负责人制，各项目责任单位主要负责人原则上为项目负责人。项目责任单位及项目负责人主要职责为：配合条件平台处编制基建项目规划、计划；承担申报立项阶段项目建议书、可行性研究报告或实施方案等编制或组织编制工作；负责项目立项后从招标、施工到专业（专项）验收全过程的组织与管理；配合开展项目竣工验收工作。

第三章 前 期 工 作 管 理

第十一条 ［前期工作责任主体］基建项目前期工作包括规划计划、立项申报、前置文件与手续办理（具体工作范畴：办理消防、人防、地勘、绿化、教育、规划许可证、防雷装置等前期手续），主要由条件平台处负责组织实施。

第十二条 ［财政资金类项目规划计划编报］条件平台处负责组织财政资金类基建项目规划及分年度计划编制与上报工作，对项目责任单位根据发展规划和业务需求提出的项目建议进行审查，经基建领导小组审议和院长办公会审批后报送上级部门。

第十三条 ［财政资金类项目立项］财政资金类基建项目由条件平台处负责组织项目责任单位开展立项申报，牵头组织编制项目建议书（可行性研究报告、初步设计报告或实施方案），经基建领导小组审核（审议）和院长办公会审批后报送上级部门立项。

第十四条 ［自筹资金类项目计划与立项］自筹资金类基建项目按以下程序办理：

（一）条件平台处根据相关规划、院本级公共建设和维修需求及各单位建设需求等，组织编制自筹资金类基建项目计划，初步确定项目责任单位，经基建领导小组审议后报院长办公会审批。

（二）条件平台处依据获批后的自筹资金类基建项目计划组织项目责任单位开展初步设计报告或实施方案编制工作，初步确定投资规模，经基建领导小组审议（必要时可在审议前组织专家评审）后，报院长办公会审批立项。

（三）自筹资金类基建项目的安排一般需在每年 11 月底前，履行上述立项评审程序，纳入下一年度的预算安排。根据投资概算和建设方案编制分年度投资计划。

第十五条 ［前期工作内容］基建项目经立项批准后，条件平台处负责开展以下工作：

（一）有征地需求的项目，按相关规定要求，到工程所在地规划与自然资源行政主管部门办理征地手续。

（二）组织勘察设计单位完成地勘、初步设计（施工图设计及设计文件报送审查）、造价咨询等工作，报基建领导小组审核，需要时报上级部门审查。

（三）到工程所在地相关政府部门办理规划、园林绿化、消防、人防、环保、用地预审、水影响评价、安全评价、社会风险稳定性评估等审批手续并领取行政许可文件。

（四）做好与项目责任单位的业务交接与沟通协调，组织设计交底、施工图纸会审等。

第十六条 ［前期工作相关承担单位遴选方式］项目建议书、可行性研究报告、初步设计报告或实施方案以及造价咨询等应由条件平台处委托有相应资质的单位编制，并应依据本规定第四章招标管理的相关规定确定具体承担单位。

第十七条 ［勘察设计组织程序］条件平台处负责组织编写项目设计任务书，向勘察设计单位提供项目基础资料并指导开展初步设计报告编写。初步设计报告报请基建领导小组审议，根据有关要求报送上级初步设计审批机构审批。初步设计报告一经批准，不宜做较大调整，有重大设计变更的需按原初步设计审批流程审批。

第十八条 ［概（预）算控制］基建项目预算应以批准的概算为依据，按项目实际建设资金需求编制，并严格控制在批准的概算总投资规模、范围和标准内。对上级部门下达的年度基本建设计划，项目责任单位应细化概（预）算资金需求。涉及政府采购的，应按规定编制政府采购预算。

第十九条 ［概（预）算调整审批流程］因国家政策调整、价格上涨、地质条件发生重大变化，或因发生停建、缓建、重大设计变更等变动事项以及出现其他特殊情况等，确需调整投资概（预）算的，项目责任单位应据实提出调整方案及资金需求，经基建领导小组审核、院长办公会审批后，报上级部门按相关规定审批。

第四章　招　标　管　理

第二十条 ［招标工作依据］所有基建项目的勘察、设计、监理、造价咨询、招标代理等服务采购，工程施工采购以及与项目建设有关的重要材料、设备等货物采购，必须依据《中华人民共和国招标投标法》《中华人民共和国政府采购法》等国家相关法律、法规执行。

第二十一条 ［责任主体划分］基建项目的前期勘察设计、造价咨询服务等采购由条件平台处负责，施工监理等服务、工程施工、设备材料采购等由项目责任单位负责，条件平台处与项目责任单位应互相配合开展相应采购工作。

第二十二条 ［招标方式确定］基建项目供应商选择应根据采购类别和采购限额标准选取以下五种方式之一：

方式一，必须进行公开招标采购的项目：

1. 施工单项合同估算价在 400（含）万元以上的；

2. 重要设备、材料等货物的采购，单项合同估算价在 200（含）万元以上的；

3. 勘察、设计、监理、造价咨询等服务的采购，单项合同估算价在 100（含）万元以上的；

4. 同一项目中可合并进行的勘察、设计、施工、监理以及与工程建设有关的重要设备、材料等的采购，合同估算价合计达到上述规定标准的。

方式二，可进行邀请招标采购（竞争性谈判、竞争性磋商、单一来源采购、询价采购）的项目：

1. 施工单项合同估算价在120（含）万～400（不含）万元的（项目建设所在地有特殊规定的除外）；

2. 重要设备、材料等货物的采购，单项合同估算价在100（含）万～200（不含）万元的；

3. 勘察、设计等服务的采购，单项合同估算价在50（含）万～100万元（不含）的；

4. 监理、造价咨询等服务的采购，单项合同估算价在20（含）万～100（不含）万元的。

方式三，院级自行采购的项目：

1. 施工单项合同估算价在120（不含）万元以下的；

2. 重要设备、材料等货物的采购，单项合同估算价在100（不含）万元以下的；

3. 勘察、设计等服务的采购，单项合同估算价在50（不含）万元以下的；

4. 监理、造价咨询等服务的采购，单项合同估算价在20（不含）万元以下的。

方式四，工程总投资估算价在20（不含）万元以下的项目，由项目责任单位自行采购。

方式五，特种设备的采购按地方政府管理规定执行。

第二十三条 ［采购流程］各采购方式具体流程如下：

（一）选取方式一采购的财政资金项目，须委托中央国家机关政府采购中心（以下简称国采中心）按相关规定组织集中采购；自筹资金项目，可委托国采中心或具有资质的招标代理机构采购。采购单位负责配合招标代理机构编制招标文件，经基建领导小组审议、院领导审批后交招标代理机构履行招标程序。采用七人制评标方式，按规定抽取社会专家五人，院派具有高级工程师或以上资格的专家两人。院内参与评标专家由采购单位推荐，基建领导小组核定。

（二）选取方式二采购的项目，可从定点企业中通过竞争性方式选取一家成交，或委托国采中心以竞争性谈判、竞争性磋商等方式确定。采购单位负责配合代理机构编制技术和商务要求或招标文件，经基建领导小组审议、院领导审批后交代理机构履行采购程序。院内参与采购评审的专家由采购单位推荐，基建领导小组核定。

（三）选取方式三采购的项目，须以竞争性方式进行采购。采购单位负责编制采购文件，经基建领导小组审定后发布。参与竞争的供应商不少于 3 家。由院采购评标小组进行初评，经基建领导小组审核比选或竞争性谈判后确定中标候选人排序，报院领导确定中标单位并授权采购单位发布。院采购评标小组由条件平台处、财资处和采购单位的人员组成，总人数不少于 5 人，其中采购单位的人员应不少于三分之一。监审处派 1 人全程监督初评工作。

（四）选取方式四采购的项目，由采购单位组织 3 人（含项目负责人）以上的采购小组实施。

第二十四条 [合同签订] 中标通知书发出后，采购单位负责在规定时间内与中标单位签订合同。

第二十五条 [招标纪律要求] 招标活动应遵循公开、公平、公正和诚实信用的原则。任何部门和个人不得将依法应招标的项目化整为零或者以其他方式规避招标。参与招标或采购的工作人员应对招标或采购评审过程保密，不得私自接触投标人或供应商。

第二十六条 [诚信管理] 社会资信不良或在院曾有不良记录的单位不得承接院内招标工程项目。

第五章 施工期管理

第二十七条 [施工期管理责任主体] 项目责任单位全面负责项目的组织实施及施工全过程的管理与协调；项目负责人为项目建设方代表，具体承担相关管理、协调工作并签批权限范围内各项事宜。基建领导小组办公室应对项目施工过程进行指导与监督。

第二十八条 [施工准备]项目责任单位应在施工进场前期完成相关准备工作，主要包括：明确项目组成员；完成施工场地“三通一平”和接水、接电及相关计量协调工作；办理施工许可证、质检等开工前相关手续。测量钉桩放线、灰线查验等工作由条件平台处牵头、项目责任单位配合，联系有资质的测量单位及属地规划主管部门完成。

第二十九条 [质量管理] 项目责任单位应建立健全项目质量管理目标，并按目标要求加强管理。项目负责人应全面熟悉施工图纸，审阅监理大纲、施工组织设计和关键质量控制点的施工方案或措施，监督检查监理单位和施工单位工作，掌控工程质量；如出现工程质量缺陷（事故），项目负责人应及时会同监理、设计、施工单位等开展事故原因及责任分析，商定处理措施或方案，责成施工单位及时处理；遇有重大质量问题（事后侧故）及其处理方案，项目负责人须书面报告基建领导小组。

第三十条 ［进度管理］项目负责人应对各项施工进度计划进行审核，加强工程进度监督，在确保质量和安全的前提下合理控制施工工期，确保满足项目总体进度目标。工程进度重要节点应向基建领导小组办公室及时报告。遇有工程进度重大调整（延期）须提出书面申请并经基建领导小组审议后报院领导审批，若需上级部门审批、核准的，遵照相关规定执行。

第三十一条 ［安全管理］项目负责人应制定施工安全生产目标，督促施工单位与项目所在地（小区、基地等）管理部门签订安全责任书，加强施工过程中的安全检查与管理。如发生安全事故应按安全生产管理相关规定及时报告，并向基建领导小组提交安全事故及处理报告。涉及防雷装置的，由条件平台处负责相关设计申报，项目责任单位负责施工管理、竣工验收工作。

第三十二条 ［投资管理一般要求］各类基建项目应严格按审定的设计图纸施工，不得自行变更设计、扩大建设规模、增加建设内容、提高建筑标准等。

第三十三条 ［投资控制中有关变更的审批流程］对施工过程中经设计、监理核定的单次设计变更，由项目责任单位根据工程建设需要，确认是否需要变更原设计，对不需要变更的，可直接予以否决；如因设计不当、规范更新、使用需求改变、施工困难等原因确需产生设计或其他变更的，由监理单位核定变更产生的工程（作）量，造价咨询单位按合同条件、计价规范和定额等规定进行量价审核；若合同条件、计价规范和定额等无相关规定，应咨询或委托造价咨询单位审核。上述变更的审批管理按以下规定分级从严控制：

（一）对审核价格在 5（不含）万元以下的变更单，根据施工具体要求并在监理审查同意的基础上，由项目负责人审批。

（二）对审核价格在 5（含）万～ 20（不含）万元的变更单，经项目负责人同意后，报基建领导小组审批。

（三）对审核价格在 20（含）万元以上的变更单，经项目负责人同意，基建领导小组审核后，报院长办公会审批。

财政资金类基建项目，若确因在施工过程中出现重大设计变更、动用预备费、投资超预算等情况，按上述分级审批后报上级部门审定。

第三十四条 ［预备费管理］项目负责人应加强对基建项目资金的动态管理。财政资金类基建项目动用预备费，须经基建领导小组审核、院领导审批后，报上级部门核备；自筹资金类基建项目动用预备费，原则上应提出书面申请，经基建领导小组审批后使用。

第三十五条 ［经费支付方式］项目负责人应严格控制基建项目经费的支付。项目预付款、进度款的支付，由施工单位提出申请，项目责任单位按合同规定履行经费支付及财务报销手续，其中进度款须经监理单位审核后方可支付。

第三十六条 ［专业（专项）验收］基建项目完工后，项目责任单位应及时组织勘察、设计、监理、施工等参建方开展专业（专项）验收。按相关规定和规范，申请完成消防、人防、环保、水保、绿化等专项验收。未经相关验收或验收不合格的项目不得交付使用。

第三十七条 ［竣工结算和造价审核］竣工结算和造价审核基本要求如下：

（一）基建项目专业（专项）验收通过后，施工单位应及时编制工程结算书，经监理单位和项目责任单位初审后，委托具有资质的工程造价咨询机构进行造价审核。

（二）项目责任单位应要求工程造价咨询机构在出具审计（价）报告前将审核的初步意见进行反馈，并按项目责任单位要求，对影响工程造价的情况作出进一步核实及答复。

（三）工程造价咨询机构出具的审核报告按以下规定实行分级审批管理：总造价超出合同价 10%（不含）以内的或超出金额在 100（不含）万元以下的，由基建领导小组审批同意后签盖院章；总造价超出合同价 10%（含）以上的或超出金额在 100（含）万元以上的，经基建领导小组审核、院长办公会审批同意后签盖院章。

（四）项目责任单位依据结算审核通知单与施工单位结算工程款项。

第三十八条 ［合同管理］项目负责人应加强施工期勘察设计、监理、造价咨询、施工、设备与材料采购等各项（类）合同管理；严格履行合同签订及合同变更程序；熟悉合同约定并督促各方严格执行合同，依据相关法律法规与合同约定处理合同纠纷；按档案管理规定留存、保管、保密合同文件。

第三十九条 ［资料与信息管理］项目负责人应加强工程勘察设计、造价咨询、招标等文件（图纸）资料，以及施工期间设计变更与审批文件、监理月（周、季、年）报、各类会议纪要（记录）、采购设备相关文档及各类需归档的信息资料的收集与保管，记录、编写工程建设大事记、项目管理工作报告等，检查督促设计、监理、施工等单位按规定留存相关技术、管理文件与资料，按规定报送工程质量、进度、安全等信息。

第六章　竣工验收管理

第四十条　［竣工验收责任主体］财政资金类基建项目由水利部或由其指定、委托的直属事业单位主持竣工验收；自筹资金类基建项目由基建领导小组主持竣工验收。基建领导小组组建院竣工验收委员会，具体承担水利部委托的项目及自筹资金类项目的竣工验收工作。院竣工验收委员会由计划、财务、资产、审计、安全生产、档案管理等方面的代表和有关专家组成，组成人员应根据被验项目的技术特点合理确定。项目责任单位、设计、监理、施工、设备供应等单位应作为被验收单位参加竣工验收会议，回答验收委员会的提问并答疑。由水利部或其指定的相关单位主持竣工验收的项目，条件平台处、财资处应派人配合开展验收工作。

第四十一条　［竣工验收基本条件］基建项目竣工验收应具备以下条件：

（一）项目已按批准的设计完成；

（二）项目重大设计变更已经原审批单位批准；

（三）项目投资已全部到位；

（四）专业（专项）验收已通过，并取得相关部门出具的认可或准许使用文件；

（五）资产核查工作已完成；

（六）专业（专项）验收所发现的问题已基本处理完毕；

（七）尾工已做好安排；

（八）竣工财务决算已按规定编制完成；

（九）通过竣工决算审计，并已按竣工决算审计意见完成整改工作，提交整改报告；

（十）项目已形成完整的项目行政审批文件、技术文档与管理资料等归档材料。

第四十二条　［竣工财务决算］财资处负责编制基建项目竣工财务决算工作，主要内容如下。

（一）竣工财务决算前置条件。主要包括：经批准的初步设计等所确定的工作内容已全部完成；已做好各项清理工作，包括账目核对及账务调整、财产物资核实处理、债权实现和债务清偿、档案资料归集整理等；设计变更及概（预）算调整手续已完备；建设资金已全部到位；历次稽查、检查、审计等提出的问题已全面整改落实；债权债务已清理完毕；竣工（完工）结算已完成；未完工程投资和预留费用不超过规定的比例；其他影响竣工财务决算编制的重大问题已解决。

（二）竣工财务决算编制。主要包括：竣工财务决算说明书和报表编制。基建项目概算总投资在3000（含）万元以上的，竣工财务决算应在满足编制条件后3个月内完成；3000（不含）万元以下的应在1个月内完成。若因特殊情况无法在规定期限内完成的，应说明理由和明确延期时间，报竣工验收主持单位同意。其中，未完工程投资及预留费用可纳入竣工财务决算（按规定，财政资金在3000（含）万元以上的大中型工程未完工程投资及预留费用控制在总概算的3%（不含）以内；其余小型工程项目控制在5%（不含）以内），对竣工财务决算基准日至上报日期间未完工程投资及预留费用安排使用情况、债权债务清理情况等发生变化的部分，应在上报时予以说明。

（三）竣工财务决算审查。竣工财务决算编制完成后，项目责任单位应在15个工作日内向竣工验收主持单位申请竣工财务决算审查。

（四）竣工决算审计。项目责任单位按审查意见完成整改落实后，应及时向竣工验收主持单位申请竣工决算审计。财政资金类基建项目的竣工决算审计报告，按上级单位要求由监审处出具内审意见。竣工财务决算审查和竣工决算审计可视情况结合进行。

第四十三条 ［竣工财务决算审核审批］按水利部审批权限规定，财政资金类基建项目竣工验收完成后30个工作日内，财资处应及时向水利部申请审核审批。水利部授权范围内的项目，由水科院办理审核批复。可自行组织专家或委托社会中介机构组成审核组，审核组成员人数应为3人以上单数。专家人选应从水利部和部直属单位专家库中，或从具有相关资质的社会中介机构中选取。

第四十四条 ［竣工验收申报流程］基建项目完成专业（专项）验收后，由项目负责人向条件平台处提交《竣工验收申请报告》。条件平台处负责对项目竣工验收资料进行初步核查，财资处负责组织开展项目资产核查及竣工决算工作并按规定报批。基建项目具备竣工验收条件后，财政资金类项目由条件平台处遵照相关规定

备、材料、工程分包等经济活动。

第五十六条 ［基建项目审计和监察］按院廉政建设及《廉政风险防控手册》要求，加强基建项目的跟踪审计和监察，严格防范各类违规事件的发生，保障干部安全、设备安全、工程安全和资金安全。

第五十七条 ［违规、违纪、违法行为处理］在基建项目实施过程中，如出现违规、违纪、违法行为的，依据院有关规定和国家相关法律、法规，视情节轻重分别予以严肃处理。

第九章　附　　则

第五十八条 ［解释权］本规定由条件平台处负责解释。未尽事宜由基建领导小组会议讨论决定。

第五十九条 ［适用范围］本规定适于院直接管理的基建项目；京外牧区水科所、天津机电所自行申报的财政资金类基建项目和自筹资金类基建项目，应结合属地有关要求自行制定相应规定。

第六十条 ［发布日期］本规定自颁发之日起执行。原《中国水利水电科学研究院基本建设项目管理工作规定》（水科科计〔2014〕63 号）同时废止。

附件：1.《竣工验收申请报告》格式

2.《竣工验收鉴定书》格式

3. 竣工验收主要工作报告内容格式

4. 竣工验收应提供的材料目录

附件1

《竣工验收申请报告》格式

××项 目

竣工验收申请报告

建设单位：

年　月　日

一、项目基本概况

二、项目完成情况

三、竣工验收条件的检查情况

四、专业（专项）验收遗留问题处理情况

五、尾工安排意见

六、验收准备工作情况

七、建议验收时间

附件：专业（专项）验收成果性文件

附件 2

《竣工验收鉴定书 》格式

××项目竣工验收

鉴定书

××项目竣工验收委员会

年　月　日

前言（包括验收依据、组织机构、验收过程）

一、项目设计和完成情况

（一）项目名称及位置

（二）项目主要任务和作用

（三）项目设计主要内容

1. 项目立项、设计审批文件

2. 设计标准、规模及主要特征指标

3. 主要建设内容及建设工期

4. 项目总投资及投资来源

（四）项目建设有关单位

（五）项目承建过程

1. 主要项目开工、完工时间

2. 主要设计变更

3. 重大技术问题及处理方案

（六）项目完成情况和完成的主要工程（工作）量

二、项目验收情况

（一）专业验收

（二）专项验收

三、专业（专项）验收提出主要问题的处理情况

四、项目（产品）质量

五、概算执行情况

（一）计划下达及资金到位

（二）投资完成及交付资产

（三）结余资金

（四）预计未完工程及费用

（五）审计情况

六、项目尾工安排

七、项目试运行管理、效益和移交情况

（一）运行管理

（二）运行效益

（三）运行监测资料分析

（四）项目移交

八、意见和建议

九、结论

十、保留意见（应有本人签字）

十一、验收委员会委员和被验单位代表签字表

附件3

竣工验收主要工作报告内容格式

××项目竣工验收 ××××工作报告   编制单位： 年　月　日

批 准：

审 定：

审 核：

主要编写人员：

项目建设管理工作报告

1 项目概况

1.1 项目位置

1.2 立项、初设文件批复

1.3 项目建设任务及设计标准

1.4 主要技术特征指标

1.5 项目主要建设内容

1.6 项目投资

1.7 主要工程（工作）量和总工期

2 项目建设简况

2.1 施工准备

2.2 项目分标情况及参建单位

2.3 项目开完工日期

2.4 项目主要施工过程

2.5 主要设计变更

2.6 重大技术问题处理

3 项目管理

3.1 项目管理机制

3.2 主要项目招标投标过程

3.3 工程概算与投资计划完成情况

3.3.1 批准概算与实际执行情况

3.3.2 年度计划安排

3.3.3 投资来源、资金到位及完成情况

3.4 合同管理

3.5 材料及设备供应

3.6 资金管理与合同价款结算

4　项目（产品）质量

4.1　质量管理体系和质量监督

4.2　质量控制和检测

4.3　质量事故处理情况

4.4　质量评定

5　项目验收及移交情况

5.1　专业验收

5.2　专项验收

5.3　项目移交

6　项目试运行管理及效益

6.1　试运行管理情况

6.2　试运行效益

6.3　观测、监测资料分析

7　专业（专项）验收遗留问题处理情况

8　竣工财务决算与竣工审计情况

9　存在问题及处理意见

10　尾工安排

11　经验与建议

12　附件

12.1　项目法人的机构设置及主要工作人员情况表

项目建议书、可行性研究报告、初步设计等批准文件及调整批准文件。

项目设计工作报告

1　项目概况

2　项目设计要点

3　项目设计审查意见落实

4　设计标准

5　主要设计变更

6　设计文件质量管理

7　设计服务 8 项目评价

8　经验与建议

9　附件

9.1　设计机构设置和主要工作人员情况表

9.2　项目设计大事记

9.3　技术标准目录

项目监理工作报告

1　项目概况

2　监理规划

3　监理过程

4　监理效果

5　项目评价

6　经验与建议

7　附件

7.1　监理机构的设置与主要人员情况表

7.2　建设监理大事记

项目承建工作报告

1 项目概况

2 项目投标

3 主要技术特点和难点

4 合同管理

5 质量管理

6 进度管理

7 资金管理

8 经验与建议

9 附件

9.1 承建管理机构设置及主要工作人员情况表

9.2 投标时计划投入的资源与实际投入资源情况表

9.3 承建管理大事记

项目试运行管理工作报告

1 项目概况

2 试运行管理

3 试运行效益

4 项目移交

5 监测资料分析

6 意见和建议

7 附件

7.1 设立管理机构的批文

7.2 机构设置情况和主要工作人员情况

7.3 规章制度目录

项 目 建 设 大 事 记

主要记载建设单位从委托设计、报批立项直到竣工验收过程中对项目建设有较大影响的事件，包括有关批文、上级有关批示、设计重大变化、主管部门稽察和检查、有关合同协议的签定、建设过程中的重要会议及其他重要事件、主要项目的开工和完工情况、历次验收等情况。

项目建设大事记可单独成册，也可作为“项目建设管理工作报告”的附件。

附件4

竣工验收应提供的材料目录

一、项目建设大事记

二、项目建设管理工作报告

三、项目设计工作报告

四、项目监理工作报告

五、项目承建工作报告

六、项目试运行管理工作报告

七、重大技术问题专题报告

八、专业（专项）验收成果有关文件

7. 中国水利水电科学研究院关于印发《中国水利水电科学研究院仪器设备管理实施细则》的通知

水科平台〔2022〕14号

院属各单位：

为进一步规范和加强院仪器设备管理工作，提高资金及仪器设备使用效益，根据《中华人民共和国政府采购法》《中华人民共和国招标投标法》《政府采购非招标采购方式管理办法》等文件规定，结合工作实际，我院研究修订了《中国水利水电科学研究院仪器设备管理实施细则》，规范了仪器设备管理机构名称、规定了相关部门和单位的职责、明确了购置流程等。现将《中国水利水电科学研究院仪器设备管理实施细则》印发给你们，请遵照执行。

附件：

1. 中国水利水电科学研究院仪器设备管理实施细则
2. 三方比选支撑材料（模板）
3. 仪器设备采购开箱验收单（模板）

中国水利水电科学研究院

2022年10月10日

附件1

中国水利水电科学研究院仪器设备管理实施细则

第一章　总　　则

第一条　为加强院仪器设备管理工作，提高资金及仪器设备使用效益，根据《中华人民共和国政府采购法》《中华人民共和国招标投标法》《政府采购非招标采购方式管理办法》等法律法规，结合我院实际，特制定本细则。

第二条　用于科学研究、技术开发及其他科技活动的单台、成套或批量仪器设备，凡纳入固定资产管理，不论资金渠道，均适用本细则。法律、法规另有规定的，或因自然灾害等其他不可抗力因素需紧急采购的除外。

第三条　仪器设备购置工作必须严格执行国家有关法律、法规，遵循公开、公平、公正和诚信原则，自觉接受上级机关和院业务主管部门的监督。

第二章　管　理　机　构

第四条　中国水利水电科学研究院基建与设备领导小组（以下简称院领导小组）全面领导院仪器设备购置工作，负责指导、评估、监督仪器设备购置计划、申请、执行、验收等工作的全过程。

第五条　条件平台处为仪器设备管理工作的归口管理部门，负责仪器设备购置的计划编制、立项申请、项目执行（含招标事宜）、设备验收等工作的组织、审核和管理。

第六条　财资处为仪器设备购置资金和固定资产核算的归口管理部门，负责仪器设备购置的财务预算审核、资金支付实施与监控、固定资产入账与处置管理，协助设备开箱验收。

第七条　监审处负责仪器设备管理的监督和审计，对超过100万元（含）人民币以上的项目合同提出审查意见。

第八条 院属各单位是仪器设备购置、使用和日常管理的主体部门，负责制定本单位仪器设备管理制度，编制购置预算，组织设备采购和安装验收，开展共享和日常使用维护等。

第三章 购 置

第九条 仪器设备购置内容应严格按照批复的预算（实施方案 / 任务书 / 合同）执行。因故确需变更仪器设备购置内容的，应办理变更手续，经批准后方可执行。

变更仪器设备购置内容的流程为：设备购置项目负责人提交变更申请，由设备购置单位审核通过后，报项目归口管理部门审核，经院领导小组批准后，提交上级主管部门审批。

第十条 根据仪器设备品目、购买价值等因素，仪器设备购置分为4种方式：政府集中采购、公开招标、政府采购非招标采购、比选采购，各遵循不同采购流程。

第十一条 属于中央预算单位政府集中采购目录及标准范围内的仪器设备及相关配套服务，应按政府采购相关规定开展集中采购活动。政府集中采购分为政府批量集中采购目录采购和政府集中采购目录采购两种方式。

符合批量集中采购配置标准的，应按规定执行批量集中采购。流程为：设备购置单位编制设备购置计划，经财资处审核报上级部门集中采购。设备购置单位收到货物和发票后，向财资处申请完成相关资金支付手续。

属于集中采购目录以内的仪器设备，实行政府集中采购目录采购，流程为：设备购置单位按照当年中央预算单位政府集中采购目录要求，可通过中央国家机关政府采购电子卖场（以下简称电子卖场）采购相关货物，或直接在有政府采购资质的供应商处采购，签订政府采购合同，出具政府采购电子验收单，经逐级审批通过后，加盖院合同章，开展仪器设备购置。其中，如果通过电子卖场购置，金额在50万元人民币以下的，可选择通过中央国家机关政府采购电子卖场直购、比价、反拍等方式执行；50万元人民币（含）以上且小于100万元人民币的，必须组织比价或反拍；电子卖场无所需产品的，可选择电子竞价采购方式。

第十二条 进口仪器设备需委托招标代理机构进行公开招标。对于有特殊情况不宜采用公开招标方式的，按照财政部相关文件规定办理。

流程为：设备购置单位委托招标代理机构或自行组织开展专家论证，专家组出具《政府采购进口产品专家论证意见》。设备购置单位委托招标代理机构进行公开招标，中标结果加盖院公章后，与中标商协商拟定设备购置合同，经逐级审批通过后，加盖院合同章，开展设备购置。

论证专家组应由 5 人以上的单数组成，其中必须包括一名法律专家，产品技术专家应当为非本单位并熟悉该产品的专家，采购人代表不得作为专家组成员参与论证。

须提交审批的材料包括：设备购置资金来源项目合同（任务书）、设备购置合同、招标代理机构中标通知书、中标结果业主确认函。

第十三条 单项（或批量）采购金额达到公开招标数额（200 万元人民币以上）仪器设备需委托招标代理机构开展公开招标。需要采用公开招标以外的其他采购方式的，应按规定报财政部审批后执行。

流程为：设备购置单位委托招标代理机构进行公开招标，中标结果加盖院公章后，与中标商协商拟定购置合同，经逐级审批通过后，加盖院合同章，开展设备购置。

须提交审批的材料包括：设备购置资金来源项目合同（任务书）、设备购置合同、招标代理机构中标通知书、中标结果业主确认函。

第十四条 单项（或批量）采购金额达到分散采购限额标准但未超过公开招标数额（大于等于 100 万元人民币且小于 200 万元人民币）的国产仪器设备，可采用公开招标或政府采购非招标采购的方式进行购置。

流程为：设备购置单位委托招标代理机构采用公开招标或政府采购非招标采购的方式确定供货商，评审结果加盖院章后，与成交供货商协商拟定购置合同，经逐级审批通过后，加盖院合同章，开展设备购置。

须提交审批的材料包括：设备购置资金来源项目合同（任务书）、设备购置合同、招标代理机构评审结果材料、评审结果业主确认函。

第十五条 单项（或批量）采购金额小于 100 万元人民币的国产仪器设备，可采用公开招标、政府采购非招标采购或比选采购等方式进行购置。

比选采购的供货商须从合格供方目录中选择，并按金额分为以下三种流程：

（一）单项（或批量）采购金额大于等于 50 万元人民币且小于 100 万元人民币的国产仪器设备，由设备购置单位负责人组织比选，经设备购置单位审核通过后确定供货商，编写比选评审报告并加盖设备购置单位公章。参与比选论证的供货商不得少于 3 家，参与比选评审的人员不得少于 5 人。

设备购置单位与供货商协商拟定购置合同，经逐级审批通过后，加盖院合同章，开展设备购置。

须提交审批的材料包括：设备购置资金来源项目合同（任务书）、设备购置合同、比选评审报告、供货商营业执照、各供货商含设备技术参数的报价单、合格供方评价表。

（二）单项（或批量）采购金额大于等于 10 万元人民币且小于 50 万元人民币的国产仪器设备，由设备购置项目负责人组织比选，经设备购置单位审核通过后确定供货商，编写比选评审报告并加盖设备购置单位公章。参与比选论证的供货商不得少于 3 家，参与比选的人员不得少于 3 人。

设备购置单位与供货商协商拟定购置合同，经逐级审批通过后，加盖院合同章，开展设备购置。

须提交审批的材料包括：设备购置资金来源项目合同（任务书）、设备购置合同、比选评审报告、供货商营业执照、各供货商含设备技术参数的报价单、合格供方评价表。

（三）单项（或批量）采购金额小于 10 万元人民币的国产仪器设备，设备购置单位可直接从合格供方名录中选择供货商。设备购置单位与供货商协商拟定购置合同，经逐级审批通过后，加盖院合同章，开展设备购置。

须提交审批的材料包括：设备购置资金来源项目合同（任务书）、设备购置合同、供货商营业执照、合格供方评价表。

本文所指合格供方名录即我院《外协合同管理实施细则》中所规定的合格供方名录。

第四章　验　　收

第十六条　仪器设备到货后应立即进行开箱验收。流程为：组织成立开箱验收小组，会同供货商进行现场开箱验收，验收通过后填写《中国水利水电科学研究院仪器设备购置开箱验收单》。

根据金额不同，开箱验收组织模式为以下三种：

（一）进口设备、单台（套）采购金额大于等于 100 万元人民币的国产设备，由设备购置单位组织成立开箱验收小组，成员包括：条件平台处、财资处、监审处相关人员，以及设备购置单位负责人、设备购置项目负责人和设备保管人员等。

（二）单台（套）采购金额大于等于50万元人民币且小于100万元人民币的国产设备，由设备购置单位组织成立开箱验收小组，成员不少于3人，包括：设备购置单位负责人、设备购置项目负责人、设备保管人员等。

（三）单台（套）采购金额小于50万元人民币的国产设备，由设备购置项目负责人组织成立开箱验收小组，成员不少于3人，包括：设备购置项目负责人、设备保管人员等。

开箱验收需认真检查以下内容：品名、规格、型号、销售厂商、生产厂家是否相符；质量、性能、功能是否合格；零配件、附件、说明书、技术鉴定书、出厂合格证书及其他有关资料是否齐全；如发现型号、规格不符及仪器质量问题等情况，应当面提出，并依法按合同规定方式予以解决。

第十七条 成套设备（系统）、非标准设备、定制设备、组装成型设备、委托试制加工设备等，须在单项设备开箱验收后的3个月内，完成安装调试和试运行，做好现场记录，形成试运行报告，验证技术指标是否达到要求，进行技术验收，具体验收办法参见相应项目管理办法。

技术验收流程为：设备购置单位组织成立技术验收小组，进行现场技术验收，形成技术验收报告，经所领导小组审核通过后，报条件平台处备案。验收组成员不得少于5名，其中同行专家人员需占总人数的一半以上，本单位专家不超过三分之一。

第十八条 完成开箱验收后，应及时申请建立固定资产设备台账，按照中国水利水电科学研究院仪器设备档案管理细则，向院档案管理部门进行归档。

第五章 使 用 管 理

第十九条 各单位应严格进行内部管理，建立本单位仪器设备总台账，并逐台建立技术档案、使用、维修等记录。定期对仪器设备的性能、指标进行校检和标定，对精度和性能降低的要及时进行修复。

第二十条 仪器设备应实行专管共用、资源共享，提高使用率。原值在50万元以上的大型仪器设备，须按照国家有关规定实施对外开放共享。仪器设备的跨部门使用及对外服务可适当收取机时费，用于补偿仪器设备的运行、消耗、维护、维修及支付必要的劳务费用。

第二十一条 各单位应培训能独立操作仪器设备的人员，特种设备必须按规定持证上岗。仪器设备的使用、维修、管理人员必须经过培训和考核，并建立相应的岗位责任制和管理办法。

第二十二条 技术落后、损坏、无零配件或维修费过高确需报废的仪器设备，要按照中国水利水电科学研究院固定资产管理办法要求，及时报废。

第二十三条 条件平台处、财资处、监审处应对各单位仪器设备使用管理情况进行监督检查，发现违规行为，责令其立即整改。

第六章 附 则

第二十四条 本细则自 2022 年 12 月 1 日起实施。《中国水利水电科学研究院仪器设备管理实施细则（2019 版）》同时废止。

第二十五条 本细则由条件平台处负责解释。

附件 2

三方比选支撑材料（模板）

购置单位签章：　　　　　　　　单位领导签字：　　　　　　　　项目负责人签字：

比选结果及说明			
三方报价	单位 1	单位 2	单位 3
三方资质能力及比选内容简介	单位 1		
	单位 2		
	单位 3		
参与比选人员	签字：		
附件	各方报价材料及资质支撑材料附后		

附件 3

仪器设备采购开箱验收单（模板）

仪器设备名称				供应商	
型号（规格）		价格		数量	
生产厂家		生产日期		购进日期	
主要技术参数					
随机资料					
设备验收情况	合格（　）不合格（　）				
参加验收人员					
设备处置意见	处置意见（交付使用、换货、退货）： 签 名： 年　月　日				